U0160804

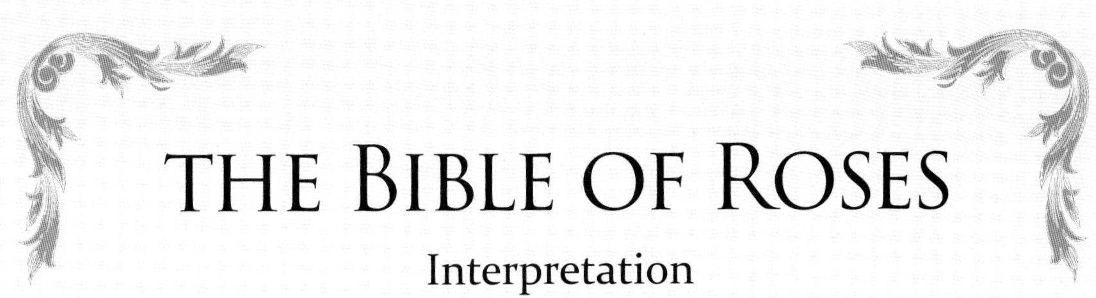

THE BIBLE OF ROSES

Interpretation

玫 ✦ 瑰 ✦ 圣 ✦ 经

图谱解读

王国良 著

[法] 皮埃尔-约瑟夫·雷杜德 绘

Pierre-Joseph Redouté

中信出版集团 | 北京

皮埃尔－约瑟夫·雷杜德

P.J.REDOUTÉ

Pierre-Joseph Redouté

PREFACE

前言

皮埃尔–约瑟夫·雷杜德（Pierre–Joseph Redouté，1759—1840 年）创作的《玫瑰圣经》（*Les Roses*），其实是一部蔷薇、玫瑰和月季图谱，几乎汇集了他那个时代世界蔷薇属植物的精华。根据我国大多数玫瑰月季爱好者的称谓偏好，省去枝节，本书中均以“玫瑰”称之。

《玫瑰圣经》共分上、中、下三册，初版始出于 1817 年，至 1824 年全部出齐。全书共收录玫瑰 169 种，版图 169 幅。我在美国汉廷顿植物园古籍中心曾见其初版。据古籍中心图书管理员介绍，全世界尚存成套者，只有三套，此为其中之一，保存完好，弥足珍贵。

在该书出版至今的 200 年间，书中所收录的玫瑰，历经战争与和平之演变，饥荒与瘟疫之灾变，黑暗与文明之嬗变，或已消失，或历久弥新。

据粗略统计，《玫瑰圣经》自初版以来，已被译成多种文字，版本多达 200 余种。归根结底，是因为《玫瑰圣经》既是古代手绘玫瑰画谱，又是珍稀古老玫瑰图谱，更是西方玫瑰演化简谱。对中国人来说，它首次以系统化、图像化、档案化的形式，形象、直观、生动地印证了我早先在国际学术界提出的“中国月季，世界的月季”这一关于世界月季起源与演化的研究结论。

德国植物学家艾雷特所绘条纹蔷薇。

1———大师笔下的玫瑰手绘与玫瑰艺术巅峰

自欧洲文艺复兴以来，西方植物绘画如雨后春笋，蓬勃发展，尤其在上层社会极为盛行，因此这一时期的植物绘画大师层出不穷。

在照相技术还未诞生的年代，若想精准描绘结构复杂且色彩丰富的植物，没有一定的植物学知识，显然难以完成。所以，欧洲早期名声显赫的绘画巨匠，几乎也是同时具备丰富植物学知识的植物学家。例如被誉为“静物画之祖”的米开朗琪罗·梅里西·达·卡拉瓦乔（Michelangelo Merisi da Caravaggio），又如《万历青花瓶里的花卉静物》的作者，丹麦画家大安布罗修斯·博斯查尔特（Ambrosius Bosschaert，the Elder），再如早于雷杜德几十年成名、玫瑰绘画《条纹蔷薇》的作者，德国植物学家兼昆虫学家乔治·狄俄尼索斯·艾雷特（Georg Dionysius Ehret）。

荷兰静物花卉大师扬·梵·海以森静物油画里百叶蔷薇的形态特征与细节渲染。

坦率说，在描绘玫瑰，尤其是在对玫瑰细部形态特征再现的精准性，以及枝叶空间结构分布的灵动性、真实性和艺术性方面，若将雷杜德与17世纪荷兰静物绘画大师扬·梵·海以森（Jan van Huysum）相比，会发现扬更胜一筹。他笔下的百叶蔷薇，其叶片上脉纹的凹凸、起伏与分布，花枝上皮刺和腺毛的形态，花萼两侧的分裂特征，花瓣部分内瓣和外瓣的褶皱，以及内瓣外瓣色调的过渡和渲染，几乎达到了以假乱真的程度。而所有这些，仅仅是他整幅静物画中一个小小的局部而已。

丹麦画家大安布罗修斯·博斯查尔特《万历青花瓶里的花卉静物》中的各种单瓣和重瓣蔷薇，写真般地再现了它们四百年前的绽放瞬间。

但是在玫瑰绘画历史上，雷杜德的绘画自有无可替代的地位。就其个人而言，他早年师承植物学家查尔斯—路易斯·埃希蒂尔·德布鲁戴尔和勒内·卢伊什·德方丹，这使得他具备了创作植物画所必需的形态分类学专业基础；后又做过法国玛丽·安托瓦内特王后的陈列室画家，还当过新任法国皇后玛丽·艾米莉的专职画师，绘画技法日臻成熟；尤其

是他受约瑟芬皇后之邀，得以在梅尔梅森城堡的玫瑰园中进行长期且深入细致的观察与写生，因而他所绘玫瑰，既有欧洲文艺复兴早期静物画之构图，又有玫瑰细微形态特征之渲染，更有玫瑰绚丽色彩之还原，可谓人、画、玫瑰三者合一。可以说，没有哪位画家，比他更了解玫瑰；也没有哪位画家，比他更会画玫瑰；更没有哪位画家，比他画出过更多的玫瑰。也正因如此，他所绘的《玫瑰圣经》在世界美术史上，留下了“最优雅的学术、最美丽的研究”之雅号。

2——《玫瑰圣经》版图的像与不像之痛

约瑟芬皇后梅尔梅森城堡里的玫瑰园，对欧洲甚至对整个西方来说，既是曾经的玫瑰圣地，也是实现中国月季本土化的星火之源。雷杜德所绘的玫瑰品种大多来自这座玫瑰园。这些古老的玫瑰来自世界各地，既有野生蔷薇原种，也有古老蔷薇栽培品种，更有来自中国的野生玫瑰和古老月季。它们是约瑟芬皇后对玫瑰痴情的见证，更是全人类共同的种质与文化遗产。

只可惜雷杜德创作时期的欧洲，尚处在竭力将远道而来的中国月季本土化的初始阶段，许多本土育种家，还在探索如何把中国月季所特有的四季开花等基因转移到本土的古老蔷薇身上，以培育出既适合本地生长，又能使枝叶更加繁茂花朵更大，还能四季开花的中式欧洲月季。这也是除了少数几种来自中国宋代的古老月季和它们的变种（如波特兰月季、诺伊赛特月季等）外，在《玫瑰圣经》中很难找到欧洲真正意义上能够四季开花的月季的原因。

但是，《玫瑰圣经》中所收录的玫瑰，种类之多、范围之广、文献之众，已属当时蔷薇属植物培育与鉴赏的最高水准。并且《玫瑰圣经》里的玫瑰，均有名有姓，虽只配有简单的文字，甚至还有些许差错，但写真般的手绘可作为对照，这为后来的研究者提供了难得的图像史料。全书169种玫瑰，就有169幅写生绘画，这是迄今收录玫瑰种类最多、系统最全、印制最佳的玫瑰专类图谱，所以完全称得上是“玫瑰的圣经”。

这些玫瑰绘画，不仅仅是简单的写生，而且凝聚了植物画家雷杜德一生的追求。也正因如此，他才被后世尊称为“花卉界的拉斐尔”。《玫瑰圣经》不仅仅是雷杜德对玫瑰的爱与激情所致，更是其长久钟情于玫瑰花间枝头的匠心独运，几乎达到了花人合一的精神境界。这样的巨匠之心，正是我们这些玫瑰工作者所需要的，也是玫瑰爱好者所敬重的。

然而，令人颇为痛惜的是，目前所见《玫瑰圣经》中的画作，并非雷杜德手绘原画，而是经过多道工序修饰和多种色彩叠加的铜刻版画，再加上数色套印的不确定性，即便是保存最完好的初始版本，其图片亦非原画。

至今记忆犹新的是，我那时远涉重洋，在美籍华人、钢铁专家、“月季夫人”蒋恩钿之子陈棣先生及其夫人的担保下，有机会进入汉廷顿植物园古籍研究中心，将《玫瑰圣经》（上、中、下三册）捧在手里。当我将其放在宽大的阅读桌上仔细查看的时候，欣喜之余，也惆怅莫名。这么珍贵的古书，在我的梦里梦外萦绕数十年，当三册在手时，却犹如雾里看花，大多数玫瑰种类似是而非，版画与鲜活的玫瑰之间，少了那样一点真实与灵气，让人有一种隔靴搔痒般的无奈。

但这并非雷杜德的错。哪怕他把千姿百态的玫瑰画得再怎么出神入化，但一经雕版化之后，就失去了玫瑰应有的精神气。由此带来的问题是，除了一部分形态特征特别明显的种类，如单叶黄蔷薇、金樱子、木香等，可以被轻而易举地识别出来，大多数品种，如中国古代名种赤龙含珠、休氏粉晕香水月季等，非研究精深者，则很难加以辨识，欣赏效果更是大打折扣。

如何能够跨越时空来欣赏这些玫瑰，且可以获得准确的植物分类学知识？办法或许是有的。这个办法，就是设法找到书中每一幅版画所对应的玫瑰，用其高清照片，在版画和鲜活玫瑰之间，搭一座跨越200年的桥，让你一步穿越到约瑟芬皇后所建的玫瑰园，摘到只属于你的那朵玫瑰。

这就是我花费十余年，收集，甄别，拍摄，疏注，最终凝聚成这本《玫瑰圣经》图文疏注与鉴赏之初衷。

3——《玫瑰圣经》的玫瑰种质与解析

对《玫瑰圣经》中的169种玫瑰，按野生蔷薇（Species，单瓣）、栽培蔷薇（Variety，重瓣）、玫瑰（*Rosa rugosa*）、月季（Monthly Rose）这四类进行分类统计，我们便可以从中发现许多鲜为人知的秘密。即其中40%为野生蔷薇，分别来自欧洲、美洲、中东、中国等地；51%为野生蔷薇的栽培品种，其表现形式为重瓣类型，如法国药师蔷薇（*Rosa gallica* var. *officinalis*）、重瓣大马士革蔷薇（*Rosa damascena* Plena）、无刺重瓣白木香（*Rosa banksiae Plena*）、粉团蔷薇（*Rosa multiflora cathyensis*）等；9%为中国月季，包括其不同栽培类型；而玫瑰只有一种，无疑来自中国。若以花色统计，则粉色种或品种最多，可达46%；红色和白色则基本相当，分别为23%和24%；复色很少，约占5%；而黄色最少，只占2%稍多。

这些数据非常直观地告诉我们，1817 年前后，欧洲庭院栽培品种仍然以蔷薇为主，主要有野生蔷薇和历史上栽培已久的重瓣蔷薇这两类，这些蔷薇占据了当时可以用于庭院栽培种质的 90% 以上。由此可知，200 年前的欧洲，几乎看不到用中国月季与当地重瓣栽培蔷薇杂交而成的欧洲月季。这些早期的欧洲月季，如今亦被称为“欧洲古老月季”，尚在中国月季本土化的艰难选育之中。而尽管真正意义上的玫瑰（Rosa rugosa）——中国玫瑰本身具有耐盐、耐寒、耐阴、抗病虫害、花香浓烈等种质优势，但尚未被杂交利用。

尽管中国月季品种的比例只占 169 种中的 9%，但已经出现了星火燎原之势。因为，最初引入的“中国四大老种”，已经出现了单瓣、微型、小叶、小花等不同类型。这些类型的出现，并非杂交之唯一结果，而更多是因为当时的欧洲育种家，通过采集中国月季的种子播种成苗后，从其实生苗中直接筛选而来。这是一种获得新品种最为简捷的方法，其基本原理就是，中国月季并非野外野生纯种，而是经自然和人工参与杂交后长期选育的尤物。当取其种子播种时，后代会不同程度地出现性状分离，比如在重瓣品种中出现单瓣类型，白花品种中出现粉花，灌木品种中出现藤本类型等，如此这般，均可成为新的品种。还有一种可能性就是芽变，即在同一株月季上，长出不同的株型，开出不同颜色的花朵。所有这些，均可理解为栽培品种在某种程度上表现出的返祖现象。

佛见笑的芽变现象：母本原本花开橘红复色，而同一花枝上芽变出一朵纯粉红色的花。取其芽变枝上的腋芽，嫁接后就能获得开粉花的粉红佛见笑。（此图拍摄于私家庭院。）

4——《玫瑰圣经》的使用价值与现实意义

《玫瑰圣经》为我们揭示了异常丰富和珍贵的史料。它明确告诉我们，欧洲有蔷薇，既有蔷薇的野生原种，如法国蔷薇、田园蔷薇、草地蔷薇、狗蔷薇等，也有经长期栽培而来的重瓣蔷薇栽培品种，如欧洲历史上著名的重瓣大马士革蔷薇、重瓣百叶蔷薇、重瓣法国蔷薇等。但是，这些都是叶片细小、花径较小、一季开花的灌木或半藤本蔷薇而已（秋大马士革蔷薇等可在秋天少量开花）。因此，250年前的欧洲，既无玫瑰，更无月季，有的只是蔷薇。直到“中国四大老种”（月月粉、赤龙含珠、帕氏淡黄香水月季、休氏粉晕香水月季）等，于18世纪中期被西方植物猎人先后引入欧洲之后，才与当地古老蔷薇杂交，逐渐形成欧洲早期能够四季开花的古老月季，如诺伊赛特月季、波特兰月季、波旁月季等，并最终于1867年形成所谓的“现代月季”（Modern Roses）。

上图 法国月季“法兰西”，所谓的现代月季之始。
下图 “春水绿波”，中国宋代月季名种。

需要特别指出的是，目前西方以1867年作为现代月季和古老月季的分界线，是在对中国月季没有充分了解的情况下制定的。如果将以此作为分界线的品种“法兰西”（La France）与宋代月季名种，如春水绿波、金瓯泛绿、六朝金粉、虢国夫人、贵妃醉酒、粉红宝相等进行仔细对比，就会直观地发现，1000年前的中国古老月季已具备叶

宋代《月季新谱》中的名种“金瓯泛绿”。

片颀长光亮、花瓣宽长厚实且高心翘角、花朵四季可见、有着浓郁的甜香［西方称之为茶香（Tea-scented），是现代月季在分类上被称作“杂种茶香月季”（Hybrid Tea Rose）的由来］等特征，而这些特征均与作为现代月季所必须具备的形态与性状特征并无二致。因此，也可以说，西方所开创的现代月季，其实是中国月季的延续，或者说是“中国古代月季欧洲本土化的结果”。

“虢国夫人”，以杨贵妃姐姐的封号命名，与唐代张萱《虢国夫人游春图》（宋摹本）神合。

5———《〈玫瑰圣经〉图谱解读》结构编排与图文疏注

为便于一般读者理解，同时兼顾蔷薇属植物分类习惯，本书按照野生蔷薇类、栽培蔷薇类、玫瑰类、月季类这四大类别，从《玫瑰圣经》的169幅版画中精选各具代表性的品种，累计85种，约占原书种类的一半有余，构成此书骨架。用原书版画和现存活植物高清图像做比较，辅以文字疏解，力图还原雷杜德每一幅玫瑰画作的前世今生。

该书结构编排与内容，要点如下：

一是对其原版玫瑰名称进行考证，剔除过时的旧称，修正不确切的俗称，根据其品种、形态、分类、特征和命名习惯，最终确定恰当规范之名称，以便国内外交流使用。

二是选用最接近原版版图的高清图谱，整版与插图相结合，以供读者甄别与鉴赏。

三是精选相应版图品种的标准高清照片，通过图像转换，加以形态对照，以拨开版画与鲜活品种之间那层似是而非的朦胧迷雾。与此同时，撰写长短不等的文字加以说明、引导和引申，以增加本书的知识性、趣味性、可读性和实用性。

这样，你既可以欣赏到《玫瑰圣经》初始版本的画作之精美，又可以触摸到当下的玫瑰植株形态与花朵之鲜活，还能与约瑟芬皇后、雷杜德大师和玫瑰名种对话。书中还有一些小贴士，给你当个小参谋，说说哪些可以栽进你的小院，让你也能成为世界玫瑰遗产的传承人。

蔷薇是玫瑰的根，是月季的本，是蔷薇属植物的全部。它既是花中皇后，又是美的化身，更是与人类如影随形的一剂精神良药。

“心有猛虎，细嗅蔷薇。”（In me the tiger sniffs the rose.）英国诗人西格里夫·萨松代表作《于我，过去，现在及未来》中的这句诗，余光中先生译得出彩。他不落前人俗套，硬是没把 rose 译成文学化的“玫瑰”，这才有了蔷薇之诗意经典。

其实，无论是古代文人雅士，还是现代凡夫俗子，于其生活，恐怕也不能没有蔷薇。人生如花，如茶，如歌，如修行，即便竹杖芒鞋，也要轻胜快马，面朝大海，用心细嗅蔷薇。

谨以此序，致敬《玫瑰圣经》原著作者皮埃尔-约瑟夫·雷杜德，致谢为其中文版注疏付梓倾注心血的编辑，致意每一位细嗅蔷薇、传承经典、珍藏《玫瑰圣经》的读者。

CONTENTS

目
录

THE BIBLE OF
ROSES
Interpretation

1~20

21~40

41~59

60~85

157—218

1 ～ 20

THE BIBLE OF ROSES

Interpretation

1

Rosa centifolia 'Major'

少校百叶蔷薇

在玫瑰演化历史上，曾经有相当长的一段时间，野生蔷薇属植物及其园艺栽培品种，都是按照 18 世纪瑞典植物学家林奈所提出的植物双名法来命名的。随着园艺栽培品种的数量大幅增长，现在最为常见的现代月季品种，其命名则大多改为直呼其名的方式。如众人多熟知的现代月季名种“和平”，其名字就是“Peace”。若想表述更为学术化一点，则可以写作“*Rosa Hybrida* 'Peace'”。

百叶蔷薇是欧洲古代重瓣蔷薇名种之一，它深粉色的花朵大而圆润，有着华美迷人的气质。因其花朵内瓣数量较多，且排列紧密，不易盛开，就像我们常见的卷心菜一样，故亦可谓之“包菜蔷薇”。

16 世纪末荷兰和比利时的植物学家，无疑是最先对百叶蔷薇大加赞赏的人。作为栽培品种，它是继法国蔷薇、大马士革蔷薇之后，较早被引入欧洲花园的，此后一直备受青睐。因为它不仅有着悦目的花朵，还散发出令人愉悦的芳香。19 世纪英国杰出的女园艺师格特鲁德·杰基尔称百叶蔷薇的香味，是“所有玫瑰中最为香甜的，那才是真正的玫瑰的味道”。

据记载，百叶蔷薇源自大马士革蔷薇。园艺家兼植物学家查尔斯·德·莱克吕斯是其重要的传播人。当时莱克吕斯正任职于哈布斯堡王朝皇帝马克西米利安二世的维也纳皇家花园。他一生痴迷于寻找各种玫瑰品种。而同时期任职于皇家花园的佛兰芒（比利时的一个民族）植物学家卡罗卢斯·克卢修斯（Carolus Clusius）则对郁金香有着巨大的热情，他记录了那个时代欧洲对来自君士坦丁堡的郁金香与日俱增的痴迷。当 17 世纪荷兰郁金香热席卷整个欧洲时，据说唯有百叶蔷薇被认为可以与郁金香并肩而立。

百叶蔷薇种类较多，这款名为“少校百叶蔷薇”的名种，实际上是一个半重瓣品种，花型呈盘状，半高心翘角，花瓣粉色，香味浓烈。此花盛开时常呈现四个花心，俗称“四心花”（quartered bloom form），这在欧洲古典重瓣蔷薇中颇为常见，与中国宋代月季名种“粉红宝相”相类。

少校百叶蔷薇最早发现于 1597 年，至今尚存。虽然只能一季开花，但因其植株健壮，容易栽培，加之花型奇特，充满怀旧气息，因而深受欧洲园丁们的青睐。

Rosa centifolia 'Major' / 少校百叶蔷薇

2

Rosa persica

波斯蔷薇

我国新疆野生单叶蔷薇，也叫小檗叶蔷薇，学术界常把它和波斯蔷薇作为同种异名来处理。

波斯蔷薇也叫“波斯黄蔷薇”，是一种可爱至极的蔷薇。它的花朵非常特别，花瓣不仅呈现出极为少有的鲜艳的金黄色，而且每个花瓣的基部都呈深红色，五个花瓣围在一起，便构成一个令人惊叹的天使之眼，成为现代月季“红眼”系列新品种的标志。

波斯蔷薇的分布范围较广，在西亚干热的草原和沙漠上，特别是在伊朗、伊拉克、阿富汗、土耳其、巴基斯坦等国，都可以见到。世界上的蔷薇属野生原种多达200余种，小叶5～17枚不等，但均为羽状复叶。唯有此物种，叶片单生，故亦谓之“单叶蔷薇”。

因花心具有红眼而一举成为特异种质，19世纪波斯蔷薇作为园艺珍宝，被慧眼独具的约瑟芬皇后收入巴黎郊外的梅尔梅森城堡。约瑟芬生于当时的法国殖民地马提尼克，身为种植园主之女，她非常喜爱植物和园艺。据记载，她喜欢和自然历史博物馆的学者通信，送自己的园丁去学习，还曾资助植物探险家远征。1799年买下梅尔梅森城堡作为行宫之后，她聘请了当时著名的植物学家埃梅·邦普兰作为自己的园林总管，并在那里收藏了规模惊人的植物，包括两百多种稀有植物。当时的英国皇家花园——邱园的始创者约瑟夫·班克斯爵士（Sir Joseph Banks）也是她植物收藏的提供者之一。

Rosa Berberifolia
Rosier à feuilles d'Epine-vinette
P. J. Redouté pinx.
Imprimerie de Remond
Chapuy sculp

所有观赏植物中，约瑟芬尤其热爱玫瑰，据记载她的玫瑰园中约有 250 种知名玫瑰。她不仅邀请了当时最为著名的月季育种专家安德鲁·杜彭担任玫瑰园的园艺师，还在 1810 年举办了欧洲第一届玫瑰展览。应该说，法国在当时成为世界蔷薇、玫瑰和月季栽培中心，与约瑟芬皇后有着非常密切的关系，她也因此成为法国玫瑰爱好者的标志性代表。

雷杜德以高超技法著成的《玫瑰圣经》，其中有一半玫瑰出自梅尔梅森城堡。这本书在 1817 年至 1824 年间以三卷形式出版，可惜年仅 51 岁的约瑟芬已于 1814 年去世，未能目睹这部举世瞩目的伟大著作诞生。并且，因为拿破仑已经被流放至大西洋中心的圣赫勒拿岛，加之波旁王朝复辟，所以在《玫瑰圣经》一书中也未能提及约瑟芬的名字，对梅尔梅森城堡也只是一笔带过。

一直备受人们喜爱的波斯蔷薇，直到 1980 年，英国月季育种家、世界玫瑰大师奖（Great Rosarians of the World Award）获得者杰克·哈克尼斯（Jack Harkness），才以此为亲本，培育出完整继承亲本红眼的新品种，念其起源，遂命名为“幼发拉底斯”（Euphrates）。此后，同样具有红眼标识的“非洲少女”“天使之眼”“眉来眼去”“时尚巴比伦”等品种，则如雨后春笋般纷纷出现，并广泛传播，流行至今。

在我国新疆地区也有这种蔷薇分布。人们在乌鲁木齐城市周边的田野沟渠，就能邂逅它靓丽的身影，体验长相如此另类的蔷薇所带来的心动。不过，这种新疆单叶蔷薇在《中国植物志》中的名字，叫“小檗叶蔷薇”（Rosa berberifolia）。早年我在日本做蔷薇属植物基因分析实验的时候，常常零距离观察波斯蔷薇和小檗叶蔷薇，并未发现这两者之间有明显的形态差异。一定要说有的话，那也是不同地理种源上的些许区别而已。因此，学术界常把这两个种作为同种异名来处理。

3

Rosa hemisphaerica

重瓣硫黄菊蔷薇

我国宋代玫瑰名种荼薇，芳香浓烈，具有标志性的纽扣眼。

在植物界中，很多品种的发现看似偶然，其实都是植物学家们锲而不舍始终寻觅的结果。重瓣硫黄菊蔷薇发现于1616年前，但它的整个寻觅过程，花费了查尔斯·德·莱克吕斯整整二十年时间。

这一切始于作为一位植物学家的敏感与好奇心。据记载，当莱克吕斯在维也纳皇家花园任职时，在一次展览上，他注意到一座来自土耳其的精巧花园模型里,有一种从未见过的黄色蔷薇的复制品。这引起了他强烈的兴趣。在当时奥斯曼帝国统治下的土耳其，无论是园林艺术还是品种培育都在蓬勃发展。奥斯曼大帝在通过武力始建奥斯曼帝国后，颁布了农业法令，其中一条法令要求帝国内的所有农庄和花园都必须种植一些植物，并特别明确指出必须要种植的两种植物，一种是百合，另一种就是玫瑰。与玫瑰一样，在历史上，百合也曾是基督教最具标志性的符号之一。

莱克吕斯为此多次前往土耳其，最终发现并将重瓣硫黄菊蔷薇引入欧洲。当时欧洲还没有其他大花黄色蔷薇，重瓣硫黄菊蔷薇一度成为令人叹为观止的庭院栽培新品种。

重瓣硫黄菊蔷薇也被称作“重瓣黄蔷薇”（Double Yellow），分布于土耳其、亚美尼亚和伊朗的干旱地区，为直立小灌木，叶片较小。在我国北方，特别是北京以北的地区，此品种难以露地越冬。

在欧洲，重瓣硫黄菊蔷薇多为温室栽培。它的花朵非常漂亮，香味较淡。花蕾近似球形，花色淡黄，花瓣极多，盛开以后可见漂亮的纽扣眼。作为备受欢迎的鲜切花，它是意大利和法国花卉贸易出口业务中非常重要的一个品种。

许多月季爱好者都偏爱纽扣眼，并以此作为欧洲月季的标志之一。其实，带纽扣眼的蔷薇类古老品种，早在我国宋代就不胜枚举了。如宋代名种荼薇，源自野生玫瑰，浓郁的玫瑰香气中，还带有香水月季的甜香味。

荼薇为直立小灌木，一季开花，可以在北京地区露地越冬，孤植、丛植、片植均可，不需要农药，免养护。花朵盛开后，花心内瓣内卷成扣，形成一个不可思议的纽扣眼。

然而，重瓣硫黄菊蔷薇并不是真正的野生原种，而是原产于土耳其、亚美尼亚和伊朗的单瓣硫黄菊蔷薇（*Rosa hemisphaerica* var. *rapinil*）的一个园艺种类。在发现重瓣硫黄菊蔷薇多年后，单瓣硫黄菊蔷薇才被发现，因而它被描述为重瓣硫黄菊蔷薇的一个变种，并没有给予它栽培品种的地位。

Rosa e Sulfurea
Rosier jaune de souffre
P. J. Redouté pinx.
Imprimerie de Remond
Langlois sculp

4

Rosa glauca Pourret

红叶蔷薇

德国欧洲月季园里的红叶蔷薇。红叶蔷薇分布较广，在欧洲中部、南部均可见其踪影。（此图拍摄于德国桑格豪森小镇。）

根据现代植物分类学范畴，蔷薇、玫瑰和月季为蔷薇属中的不同类群。蔷薇泛指野生原种蔷薇；玫瑰则为玫瑰（Rose rugosa），常见的有单瓣玫瑰、重瓣蔷薇、红玫瑰、白玫瑰等；而月季则为四季开花的月季类群，现有多达数万个品种。若是非专业工作者，很容易将蔷薇、玫瑰和月季混淆，因为它们有太多的相似之处。不过它们大致还是可以识别的，从形态来看，月季株型大多直立，叶面平整，四季开花；玫瑰株型虽然也为直立型，但叶面皱缩呈锉齿状，果实硕大如樱桃番茄，色艳如大红灯笼，据此，一眼便知；而蔷薇植株多为藤本，花朵形成于短侧枝顶端，花朵单瓣，一季开花。

园艺栽培蔷薇如百叶蔷薇等，与野生蔷薇最重要的区别，就是野生蔷薇只有单瓣花型。野生蔷薇只有经过长期栽培驯化以后，其花瓣才可能逐渐由单瓣通过雄蕊的瓣化而逐渐变成重瓣花型，最终成为园艺栽培品种。从单瓣变成重瓣，这是一个园丁必须干预的、最了不起的加速野生种演化并园艺化的过程。这其中最重要的推手，就是我们看不见的营养。

Rosa Rubrifolia *Rosier à feuilles rougeâtres*

P.J. Redouté pinx. Imprimerie de Remond Chapuy sculp

以红叶蔷薇为例，丰富的营养相当于人为突然增加了物种的选择压力。在庭院肥料和人工选择的多重作用下，两千多年来，红叶蔷薇从山野的一个原生原种，逐渐演化成许多庭院栽培的变种或新品种，最主要的变化就是其花瓣从单瓣变成了半重瓣，观赏性大幅增强，越发受到欧洲人的青睐。

红叶蔷薇夏季开花，花径约 4 厘米，呈樱桃红色。它分布较广，在欧洲中部、南部均可见其踪影。据称，红叶蔷薇在久远的年代就已经被移植到达官贵人的庭院私享了。

红叶蔷薇的拉丁名是由 *R.rubrifolia* 改为 *R.glauca* 的。这两个名字形容的都是叶片，分别为“叶片发红”和“表面覆盖白霜”之意。此种蔷薇对应的版画中，可看到其枝叶大多呈浅紫色或紫红色，故谓之“红叶蔷薇”，它的展示名多为 *Rosa rubrifolia*。

红叶蔷薇正是因为枝叶呈紫红色这一特点，而被广泛应用于庭院景观绿化。略显柔软的枝叶，颀长的花蕾，相对较大的花朵以及明艳的花色，使之成为知名度颇高的观赏小灌木。

红叶蔷薇有一定的耐寒性，也有较好的耐阴性，故可在北方地区的庭院中栽培。

5

Rosa moschata

麝香蔷薇

因为长得的确有几分相像，很容易将麝香蔷薇与我国的复伞房蔷薇（上图）混淆。但复伞房蔷薇野生藤本可攀高20余米，麝香蔷薇在这一点上是无法企及的。

“我知道一处河岸，那里的野百里香随风飘动/樱草和低垂的紫罗兰在那里生长/它们上方笼罩着郁郁葱葱的忍冬/以及甜美的麝香蔷薇和野蔷薇。”这是英国著名剧作家莎士比亚四大喜剧之一《仲夏夜之梦》中的一段台词。对伊丽莎白时代的英国人来说，麝香蔷薇是一种具有异国情调的蔷薇花，它有着洁白的花朵和优雅的枝条，在仲夏盛开，据称可以一直开放到秋天。花朵独特的气味，在黄昏时飘散到远方。也正因如此，关于前面台词中的“麝香蔷薇”，到底是指麝香蔷薇还是田野蔷薇，欧洲一些著名的蔷薇属植物专家为此展开了持久的讨论，至今尚没有定论。

之所以会引发如此持久的争议，这是因为麝香蔷薇的香味实在与“甜美”无缘，它的气味中有一种浓烈的麝香之味，这也是其名字之由来。

有一种说法，麝香蔷薇是在1582年由英国国王亨利八世的手下，从意大利引入英国的。它一直被认为是英国本土可以见到的最为高大的藤本蔷薇，有单瓣和重瓣之分，雷杜德所绘《玫瑰圣经》里的麝香蔷薇即为单瓣类型。

麝香蔷薇的花朵呈白色，或是以白色为主色调的复色。花朵直径小到中等，单朵着生，形成花序。株型多为灌木，但有明显的藤本性，可以当作半藤本蔷薇栽培。偏爱干燥气候，故在北方应能生长良好。

麝香蔷薇虽多以拉丁名 *Rosa moschata* 示人，但它并非真正的野生原种。它的起源至今不甚明了。有人根据它的名字“*moschata*”推测其来自波斯，因为梵文“mushka”的意思为鹿储存雄体干燥分泌物的香囊。关于它抵达欧洲的时间也是众说纷纭，但有据可查的是，在1586年，它已经成为法国画家笔下描绘的对象，那个时候，它被称为“肉豆蔻蔷薇”。

现代基因测序分析表明，麝香蔷薇乃大名鼎鼎的大马士革蔷薇之亲本。世界玫瑰大师奖获得者、美国植物学家马尔科·曼纳斯（Malcolm Manners）在美国佛罗里达的实验结果表明，麝香蔷薇具有一定的重复开花能力。这恐怕就是现在普遍种植的秋大马士革蔷薇在秋季还能少量开花的原因吧。

人们很容易将麝香蔷薇与我国的复伞房蔷薇相混淆，因为这两种蔷薇的确有几分相像，特别是花瓣的形状、花色和花序等，尤其不易区分。但复伞房蔷薇野生藤本高可达20余米，从体量来看，麝香蔷薇是无法企及的。

令人费解的是，麝香蔷薇曾在1859年后一度神秘消失，直到世界玫瑰大师奖获得者、英国著名蔷薇属植物专家格雷厄姆·斯图亚特·托马斯（Graham Stuart Thomas），于1963年在英国的一个古老庭院里找到了尚且活着的标本式麝香蔷薇，由此这种有着特殊历史意义的蔷薇才得以正式回归。此后种苗商人才不再用复伞房蔷薇冒名顶替麝香蔷薇。因此，麝香蔷薇亦被称为“格雷厄姆麝香蔷薇”。

Rosa moschata
Rosier musqué
P.J. Redouté pinx.
Imprimerie de Remond
Chapuy sculp

6

Rosa bracteata

硕苞蔷薇

上图 作为野生蔷薇，硕苞蔷薇被认为是最美丽的中国蔷薇属植物之一。在西方俗称“麦卡特尼蔷薇”。

下图 珍稀微型玫瑰品种，为硕苞蔷薇、缫丝花和玫瑰的杂交种。（此图摄于纽约布鲁克林月季园。）

从18世纪晚期开始风靡欧洲的中国月季、玫瑰和蔷薇，引发了西方世界玫瑰培育的热潮，而硕苞蔷薇则被认为是这其中最美丽的中国蔷薇属植物之一。顾名思义，硕苞蔷薇即为苞片很大的蔷薇。苞片位于花蕾下方，紧贴着花梗，是一枚缩小版的叶片。

1792年，英国政府派遣以麦卡特尼公爵为团长的通商使团经广州前往北京。途中，随行的一位植物学家无意间发现了硕苞蔷薇，并悄悄地将其带回欧洲。因此，硕苞蔷薇在西方的俗名即为“麦卡特尼蔷薇”（Macartney Rose）。

硕苞蔷薇的花瓣洁白厚实，花径可达8～10厘米；6月中旬开花，蔷薇果为黑色，极易识别。并且其枝蔓多伏地伸展，节间落地生根，是一种理想的水土保护植物，也是地被蔷薇类群（Ground Cover Rose）的先驱。然而，令人不解的是，在中国园林或私家庭院里，几乎很难见到它的身影，即使是月季狂热爱好者，也少有人知道它的存在。这是为什

Rosa Bracteata *Rosier de Macartney*

P. J. Redouté pinx. *Imprimerie de Remond* *Chapuy sculp*

么呢？我想了很久，原因大抵有三：一是硕苞蔷薇与多花蔷薇、金樱子等许多耳熟能详的蔷薇相比，虽然其自然分布范围较广，但因植株喜好匍匐于地面生长，很像现在的地被月季，显示度不高，受关注度自然也就较低；二是花开于仲夏；三是植株极其茂密，一旦扎根，枝叶便密不透风，就连根除都难。

不过，我在设计园林景观时，偏好用其匍匐、夏花、黑果、枝叶密集交织等独特之处，将其三三两两点缀于水岸或路旁，那朵夏日里唯一可见的有着丝绒光泽感的大白花，和那些油油亮亮的交织于赏石、簇拥在桥头的勃勃枝叶，是对春景最好的补笔。

英国著名蔷薇属植物专家格雷厄姆・斯图亚特・托马斯称它是“拥有贵族气派且十分华丽的蔷薇”。它不仅自身优美，还常被用作亲本材料，与月季、玫瑰等杂交。与西方当地的蔷薇配对，其后代大多娇艳动人，形态特征出乎所料。

2016 年秋，我前往美国寻访蔷薇属植物时，曾在纽约曼哈顿小住。期间，美国月季协会会长帕特・珊莉（Pat Shanley）女士专门指派曼哈顿大都会月季协会的一位资深专家，陪我前往纽约郊外的布鲁克林月季园专访。

布鲁克林月季园位于公园一隅，规模不大，但不失自然之趣，原木设计而成的花屋，古朴生香，颇有几分中国传统园林的味道。草地铺成的小径，便于让人亲密接触到每一枝花朵。虽然秋意已浓，碰巧又下起了淅淅沥沥的雨，但面对那些来自中国和欧洲的众多古老月季，我还是放下了手中的雨伞，披上一块能遮得住相机的雨披，追逐一园芬芳。

等我回到曼哈顿整理图片时，意外发现居然遇见了宝贝——珍稀微型玫瑰品种（Rosa microrugosa）。虽然有着野生种的名头，但它实则为硕苞蔷薇、缫丝花和玫瑰的杂交种。这种微型玫瑰，几乎保留了玫瑰的叶片；如硕苞蔷薇的花瓣上，则涂了些玫瑰的颜色；而花梗和萼片上，又长满了金樱子般的毛刺。这样大胆的组合居然造就出如此奇妙的效果，令我对月季育种亲本组合的定向筛选又多了几分期许。

7

Rosa centifolia 'Muscosa'

意大利重瓣苔蔷薇

17 世纪，因百叶蔷薇的一个美丽变种而诞生了新的品种类群，这个品种类群的苔藓状腺毛从萼片覆盖至萼筒、花柄及枝条。它们虽然品种不同，苔藓状的部分形态也不尽相同，但是毫无例外地都具有松脂的芳香，这就是苔藓蔷薇（Moss Rose），简称"苔蔷薇"。据称，欧洲最为古老的位于法国南部的卡尔卡松城堡，很久之前就已经有此种蔷薇的栽培记录。

其实，苔蔷薇的花萼与萼筒上的苔状物，源于附着物腺毛或腺体等的畸变。正应了那句老话——"丑到极致即是美"，在花蕾阶段，这种苔藓状的覆盖物最为引人注目，臭美至极。重瓣苔蔷薇始现于 1696 年前后，因而也被称为"老苔蔷薇"（Old Moss）或"老粉苔蔷薇"（Old Pink Moss）。

意大利绘画大师洛伦佐・洛托是一位非常有个性的画家，他通过对深度饱和色彩的娴熟运用和对阴影的大胆追求，使画面常常具有震撼人心的美感。在他的代表作《维纳斯与丘比特》中，画面的下方有一枝蔷薇，它就是一种重瓣苔蔷薇。

重瓣苔蔷薇曾在欧洲庭院里备受青睐，有着非常重要的地位。它分枝较多，叶片较大，花香味浓郁，花瓣可达 50 瓣以上，是一种极具魅力的蔷薇。意大利重瓣苔蔷薇，顾名思义，因其最早发现于意大利而得名。

在玫瑰历史上，如果说古希腊人在艺术中赋予了玫瑰意义，那么古罗马人则真正将玫瑰引入日常生活的方方面面。他们热衷于将玫瑰种植于大街小巷，在公共浴池中洒满玫瑰花瓣；他们喜欢吃玫瑰酱，饮玫瑰水；甚至在每年玫瑰收获的季节，还有一个特别的节日——玫瑰日。因为在他们看来，玫瑰就是春的使者。这一天人们纵情享乐，如同一场喧嚣的欢宴。古罗马的士兵在上战场前，也会在铠甲和装备上饰以玫瑰。当他们得胜归来，将会淹没在庆祝胜利的玫瑰花瓣之中。

古罗马历史上，最为狂热的玫瑰爱好者，也是史上最残暴的统治者之一的尼禄，则将玫瑰变为骄奢淫逸的象征。最为臭名昭著的一件事，据说是有一次当他在带有可翻转天花板的宴会厅里宴客时，命人将玫瑰花瓣从上方倾倒在宾客身上，以看着他们被呛到半窒息的狼狈窘态为乐。

不过，英国维多利亚时代的知名画家劳伦斯·阿尔玛—塔德玛，根据古罗马另一位残暴皇帝埃拉加巴卢斯的故事所绘制的名画《赫利奥加巴卢斯的玫瑰花》，画中令宾客深埋其中窒息而亡的，其实是紫罗兰，而非玫瑰花。

Rosa centifolia 'Muscosa' / 意大利重瓣苔蔷薇 /

8

Rosa rugosa

中国玫瑰

吉林珲春的野生玫瑰，秋季可见少量开花。

因为近代翻译家的无心之过，将西方文化里的 Rose，一股脑地译为了“玫瑰”。因此，现在很多语境中，玫瑰已经不再是一个专有名词，特别是在许多月季爱好者的认知中，它既指玫瑰，也指月季，还多指爬在篱笆上的粉团蔷薇。

那么，如何正确辨识蔷薇、玫瑰和月季呢？说来也简单，只需抓住蔷薇这个根本即可。蔷薇在我国自然分布极广，加上其与生俱来的生物多样性和多功能性，备受我国先民的青睐。早在 5000—7000 年前，各地先民制作使用的彩陶罐上，就已绘有蔷薇花图案，所以蔷薇也被许多考古学家称为“华夏之花”。

大约 2000 多年前，先民们发现其中一种蔷薇非常特别，其花最为香烈，其果最为硕大，且红似珠玑，遂将其命名为“玫瑰”。后经长期栽培和驯育，育成了重瓣玫瑰、白玫瑰、茶薇等一系列玫瑰品种，形成了一个新的玫瑰类群，这便是玫瑰的由来。而月季最初在自然界并不存在，它是我国古代园丁倾注了难以想象的时间与心血，由四川、云南深山里的几种野生蔷薇反复选育而成，是我国古代园丁栽培蔷薇的奇迹，也是世界园艺史上最伟大的发明，没有之一。

Rosa Kamtschatica
Rosier du Kamtschatka
P.J. Redouté pinx.
Imprimerie de Rémond
Chapuy sculp

色彩妖艳，叶面微皱，果大如樱桃番茄，雷杜德所绘的这幅中国玫瑰，就是我国的野生玫瑰。尽管朝鲜半岛、日本北海道、俄罗斯堪察加半岛也有野生玫瑰分布，但中国山东的荣成、辽宁的庄河、吉林的图们，才是野生玫瑰种群的中心分布区。孢粉学和种群内部稳定性的定性与定量分析表明，山东沿海的荣成则为中国野生玫瑰分布区的中心。

中国玫瑰花色娇艳，花香扑鼻，五月花开不负春，秋来结实满园红，生命力非常顽强。它们不畏严寒，不怕干旱，不惧病虫害，更不避盐碱，即便是在原生地的海边滩涂，也一扎根就是一大片。只是，由于多年来沿海滩涂持续过度开发与利用，野生玫瑰已经淡出了我们的视野，逐渐衰退为我国二级保护植物。但其种子顺水漂流，在途经沿岸传播生长，现已成为美国、加拿大、德国、丹麦等国的生物入侵种。

有趣的是，东西方人在对玫瑰进行分类时，对其形态特征的关注点大不相同。因果实特别而被中国先民命名的玫瑰，被瑞典植物学家带入欧洲以后，桑伯格在给它命名时，关注的则是其凹凸不平的叶片表面，并且这也足以区分它与其他蔷薇，故起名为 *Rosa rugosa*，意为小叶表面皱缩的蔷薇。东西方命名的依据虽然不同，却有异曲同工之妙，也是因为此种玫瑰的确与众不同。

在历史上,玫瑰不仅是我国栽培最早的园艺植物之一，而且还可以食用，作为美容化妆品使用也较为普遍。我国玫瑰大规模生产性栽培，应该始于宋代。明清以后，我国逐渐形成五大栽培基地：山东平阴、广东中山、甘肃苦水、北京妙峰山和江苏铜山。其中平阴玫瑰主要以中国传统重瓣红玫瑰为主。

中国玫瑰类群中的佼佼者，当数浓郁芳香中带有甜香味的重瓣玫瑰品种——茶薇。宋代词人赵必在《贺新郎》中写道："但得山中茅屋在，莫遣鹤悲猿哭。随意种、荼薇踯躅。莼菜可羹鲈可鲙，听渔舟、晚唱清溪曲。醉又醒，唤芳醁。"此处的芳醁，意指美酒，也就是由茶薇酿制而成的美酒。记得当我得知在广东中山，千百年来当地人依然遵循古法，默默地酿造着一坛又一坛芳醁时，激动得热泪盈眶。当得知我即将赴美领取世界玫瑰大师奖时，中山茶薇酒传人特意为我酿制了茶薇烈性酒。在颁奖典礼上，我拿出茶薇酒与众宾同饮，在场来自世界多个国家的玫瑰专家们，无不为中国古代玫瑰及其文化而陶醉。

9

Rosa clinophylla

垂叶蔷薇

桑格豪森月季园里这种高大的藤本蔷薇，为垂叶蔷薇与硕苞蔷薇的杂交种。

1949 年，美国植物学家阿尔弗雷德·雷德尔提出了蔷薇属植物的植物学分类系统，并得到了学术界的广泛认可。根据此系统，蔷薇属植物共分为四类，即 4 个亚属，最后一个蔷薇亚属又分成 10 个组，每一个组则由若干种、变种等组成。

单叶蔷薇亚属为第一个亚属（Hulthemosa），只有一个物种，即波斯蔷薇，也是唯一生长单叶而非复叶的物种；第二个亚属是西部蔷薇亚属（*Hesperrhodos*），其所包含的三个物种全部来自美国西南部；第三个则是缫丝花亚属（*Platyrhodon*），所含两个物种为原产于我国的缫丝花（*Rosa roxburghii*）和单瓣缫丝花（*Rosa roxburghii normalis*）。曾有人统计，中国特有的本土蔷薇属植物种为 48 个；亚洲其他地方蔷薇属物种为 42 个，其中一些在中国亦有分布；中东、北非的蔷薇属物种分别为 6 个和 7 个；欧洲的蔷薇属植物种为 32 个，北美洲则有 26 个，其中包括 10 个特有物种。其实，中国所特有的蔷薇种数远超 48 个。根据本人长期调查所知，我国尚有不少野生蔷薇有待发现，尚待命名的野生蔷薇也不在少数。

垂叶蔷薇属于蔷薇亚属硕苞组，分布于缅甸、老挝、泰国、孟加拉国、印度等国，纯属亚细亚野生蔷薇，与我国的硕苞蔷薇同组，都拥有宜人的香味和美丽的花朵，据说在原产地常被用来在传统宗教仪式上佩戴。

垂叶蔷薇是少数在潮湿土壤中也能生长良好的蔷薇属植物。枝条柔软细长，呈“之”字形弯曲，皮刺对生。花蕾有小苞片，花瓣为白色，质地较厚。蔷薇果为圆球形，黑色。这些形态特征较为显著，在野外极易识别。

应邀作为第14届国际古老月季大会（14th International Heritage Rose Conference）演讲嘉宾时，我曾在德国莱比锡附近的桑格豪森月季小镇小住。在欧洲最大的月季园桑格豪森月季温室餐厅里用餐时，我曾几次见到一种盆栽的高大藤本蔷薇，名牌上写的是垂叶蔷薇与硕苞蔷薇的杂交种（*R. clinophylla*×*R. bracteata*）。在异国他乡，邂逅我国野生原种硕苞蔷薇的后代，颇感亲切。

垂叶蔷薇在我国尚未发现。有趣的是，西方植物猎人福里斯特（Forrest）在云南高黎贡山以西的缅甸山区，居然采到了垂叶蔷薇的标本。缅甸与我国云南瑞丽相接，离腾冲也近，故中国科学院成都生物研究所高信芬研究员推测，它在云南南部或许也会有自然分布。

巧合的是，中国科学院西双版纳热带植物园的苏涛，在云南南部发现了蔷薇叶化石（*Rosa fortuita* T. Su et Z.K. Zhou），据称其形态特征与垂叶蔷薇颇为相似。这是我国继在山东发现2000万年前的山旺蔷薇叶化石以来，迄今最为完整的蔷薇化石。这也间接证明了晚中新世青藏高原隆升，是造成我国西南地区地形地貌特征多样性、气候多样性，以及蔷薇属植物多样性演化的主要诱因。

Rosa Clynophylla
Rosier à feuilles penchées
P. J. Redouté pinx.
Imprimerie de Remond
Chapuy sculp

10

Rosa chinensis 'Single'

目前尚存古老单瓣月季品种仅有数种，此为在百慕大发现的猩红单瓣月季。

中国是世界上拥有蔷薇属植物种类最多的国家。其中以四川省蔷薇种类最多，多达50余种，约占全国蔷薇野生种的二分之一；其次为云南省，约占全国蔷薇野生种的三分之一。四川、云南、甘肃三省所形成的大三角区，就是世界蔷薇属植物的分布中心。

在历史上，蔷薇花别称颇多，其中“买笑花”尤为知名，源出汉武帝与宠妃丽娟之典故。据说一日武帝携丽娟观赏蔷薇花时，禁不住赞叹“此花绝胜佳人笑也”。聪明伶俐的丽娟为讨武帝欢心，立刻问汉武帝“笑可买乎？”，在不明就里的汉武帝回答可以之后，丽娟遂取黄金百斤，作为买笑钱，以换取汉武帝一日开心。

纵观中国蔷薇演化历史，魏晋时期蔷薇这个大类加速分化，并创造了四季开花的直立灌木型这一全新类群，这便是月季。

“月季”一名始于唐代。自古别称众多，如月季花、月月红、胜春、月贵花、月记、长春花等。它通常指月月开花的蔷薇，是一个集合名词，泛指具有这一性状的四季开花的月季之类，对应于英文，即 Monthly Rose。而在西方，“月季花”则仅指由雅坎（Jacquin）于1768年在《植物观察》专业杂志上定名的 *Rosa*

Rosa Indica
Rosier des Indes
P. J. Redouté pinx.
Imprimerie de Remond
Chapuy sculp

chinensis，意即来自中国的月季，特指株型直立矮小、叶片细长、花瓣深红、花梗颀长、四季开花的那样一种月季。

究其模式标本，虽然其花瓣已经残缺，但据其枝叶形态特征和同时期不同论文及插图描述而言，我个人认为 *Rosa chinensis* 更接近现存于国内外的中国古老月季名种赤龙含珠。

雷杜德所绘单瓣月季花，我尚未找到与其相似度一致的古代遗存月季品种。但欧洲有关专业文献表明，250 年前欧洲植物猎人寻觅中国古老月季和蔷薇时，常常是既采其花叶和枝条做标本，又尽可能地携带植物盆栽通过商船托运，还采收其种子寄送回欧洲。

欧洲人正是通过播种和筛选，以早期引入的“中国四大老种”的种子直接萌发成苗，繁衍出许多新的品种。雷杜德笔下的这种单瓣月季花，应该就是从其实生苗中选出的一个品种。

目前尚存的古老单瓣月季品种仅有数种，本人命名的“人面桃花”，于百慕大发现的“猩红单瓣月季”（Sanguinea）等，便是佐证。

11

Fairy Rose

小仙女

雷杜德笔下的“小仙女”娇小轻盈，宛如彼得潘故事里的小仙女。从系统分类上来说，它当属中国微型月季类群。但蹊跷的是，我花费二十余年时间，几乎踏遍了四川、云南的古老月季发源地，也只找到重瓣微型月月红和重瓣微型月月粉这两大类。据此推测，单瓣小仙女极有可能是重瓣微型月季的后代，属于子代性状分离后出现的返祖现象。

中国微型月季历史由来已久，这与中国独有的盆栽技术有直接的关系。月季盆栽始于何时，已难以考证。据史料分析，至少在宋朝之前的五代时期，其盆栽技术已经非常成熟，与露地种植相比，这种栽培方式能更好地保存物种。月季盆栽，形成盆栽月季，或放于门前，或置于案头，省心省力，还四季可赏，岂不美哉？这是中国月季得以传播的一大发明，也是中国古老月季延续千余年而至今不衰的根基之一。直至今日，瓦盆栽花的习俗，仍在中国许多城市和乡村随处可见。特别是颇懂花道的老手，宁可舍弃相貌洋气的塑料花盆，也要寻觅笨重而土气的瓦盆，因为它透气透水，易于发根生花。

受中国影响甚大的日本，江户时期的绘画中也有不少盆栽植物。盆栽的英文单词为Bonsai，据说其词源来自日语。我以为，Bonsai若写成日文的“当用汉字”，那就是“盆栽”，是典型的中国汉语词组，意为“盆中栽培之物”。为何会出现这种情况，究其原因，可能是因为日本对外开放早于中国，所以许多原本来自中国的观赏植物及相关汉字术语，被西方当作了日本的东西。植物学名中带有Japonica(意为出自日本的植物)者不计其数，但其中相当一部分原产中国，或由中国植物驯化改良而成。

中国微型月季大约是在1801年到达欧洲的。关于“小仙女”源起的线索，可从比《玫瑰圣经》更早的权威植物杂志上找到答案。当然，从两者的主要形态学分类特征上比较，还是有些许区别的。《柯蒂斯植物学杂志》上的“小仙女”，似乎更有仙气，连花枝和花梗上的腺毛都清晰可辨。可见在200年前的欧洲，植物绘画大师高手如林。

约瑟芬皇后月季园里的“小仙女”，论其起源，我推测其为月月粉种子播种后的实生苗，从中筛选而来。当然，月月粉在欧洲出现那样的芽变，也并非不可能。

《柯蒂斯植物学杂志》上的“小仙女”，模样与雷杜德所绘极为相似。

Rosa Indica acuminata
Rosier des Indes à pétales pointus
P.J. Redouté pinx.
Imprimerie de Remond
Chapuy sculp

12

Rosa virginiana

弗吉尼亚蔷薇

弗吉尼亚蔷薇，株型优雅，花朵呈美丽的粉红色。

曾有人认为，弗吉尼亚蔷薇是法国育种家让–皮埃尔·维贝尔(Jean–Pierre Vibert)于1826年培育出来的。可是《玫瑰圣经》在1817年就已经出版了，雷杜德怎么会超前十年，凭空描绘出尚未出世的弗吉尼亚蔷薇的模样呢？

其实，弗吉尼亚蔷薇为野生蔷薇物种，英文名为Virginia Rose。它株型优雅，花朵呈美丽的粉红色，原分布于北美洲东部和中西部，是美洲原产的最美丽的蔷薇，也是第一个在欧洲文献中被提到的蔷薇，在约翰·帕金森于1640年出版的《植物界》中就已出现。1724年从现今美国弗吉尼亚州运抵欧洲后，它便在当地备受欢迎。

弗吉尼亚蔷薇是我在营造庭院时非常爱用的古老蔷薇素材。如果把它定植在亲水岸边，其近乎无刺的柔软枝条及光亮的狭长叶片，犹如簸箕柳一般；粉红色的花朵大而低垂，随微风起舞，那摇曳在水中的花晕，简直能把水中的鱼儿忙晕了。这还不算，一到秋天，弗吉尼亚蔷薇的枝叶就会全部变成紫红色。特别是枝条，就像红瑞木一样，在瑟瑟秋风中格外扎眼。还有那橄榄大小的红色蔷薇果，在冬日的漫天飞雪中，就像是落在枝头的红蜻蜓。

我的弗吉尼亚蔷薇，最初来自日本国立千叶大学园艺学部的柏农场，那里有一个规模不小的蔷薇属植物种植资源保存圃，为日本蔷薇属植物大家上田弘善教授所建。每到夏秋，花卉研究室的学生们都得轮流前往除草、深耕、施肥。如今，听说柏农场早已变成东京大学的属地，不胜唏嘘。

Rosa Lucida
Rosier Luisant
P. J. Redoute pinx.
Imprimerie de Remond
Bessin sculp

13

Old Blush China

月月粉

月月粉带有一定的耐寒性，故北方地区，在小气候条件较好的公园、庭院，入冬前只要适度修剪也可露地过冬。（此图摄于南京自家庭院。）

法国梅尔梅森城堡是我的中国古老月季全球寻访之旅中最重要的一站。19 世纪初，对欧洲甚至整个西方世界来说，梅尔梅森城堡既是世界上最大的玫瑰集散地，也是实现中国月季欧洲本土化的星火之源，对整个世界月季育种史产生了深远的影响。据记载，在中国古老月季抵达欧洲之前，欧洲只有 100 多种玫瑰。而在约瑟芬皇后去世 30 年后，仅法国就培育了 1000 多个月季新品种。中国古老月季与法国蔷薇、大马士革蔷薇等的反复杂交，最终形成了所谓的“现代月季”。

当我在供职于巴斯德研究所的著名学者蒋安立先生的陪同下，抵达心仪已久的位于巴黎近郊的梅尔梅森城堡时，偌大的城堡里，除了博物馆里为数不多的与玫瑰相关的壁画、油画和器物还保留着当年的模样，曾经长满各种月季、玫瑰和蔷薇的玫瑰园，只剩一株来自中国的月月粉，在深秋的凉风中，兀自开着一朵即将凋零的花。

在中国，月月粉的栽培非常普遍，特别是南方，明代

P. J. Redouté pinx. Imprimerie de Remond Bessin sculp

大医家李时珍谓之“处处人家多栽插之”。月月粉带有一定的耐寒性，故北方地区，在小气候条件较好的公园、庭院，入冬前只要适度修剪也可露地过冬。

但在世界月季育种史上，它却是一种非常珍贵的月季品种。早期到达欧洲的中国月季不计其数，但有案可稽、且在现代月季形成过程中起到至关重要的种质平台作用的代表性月季，赫斯特博士（Dr D.D.Hurst）认为只有四种，他在1900年出版的专著中正式尊称其为“中国四大老种”（Four Stud Chinas）。经过多年对这四大老种的收集与甄别，为了统一规范并以此正名，兼顾中国人对古老月季的称谓习俗，我统一以氏名加月季分类系统名称的方式，将其对应为：

Pason's Pink China，帕氏粉红月季，即我们俗称的“月月粉”，对应西方之俗称 Old Blush（老红脸）。

Slater's Crimson China，斯氏猩红月季，即宋代名种赤龙含珠。

Park's Yellow Tea-scented China，帕氏淡黄香水月季。

Hume's Blush Tea-scented China，休氏粉晕香水月季。

在“中国四大老种”中，月月粉的综合适应性要强于其他三种，故在欧洲月季育种史上的地位尤为突出，许多早期的西方古老月季，都有月月粉的血统。世界月季联合会为了纪念那些现代月季的先驱品种，专门设立了“古老月季名种堂”（Old Rose Hall of Fame），月月粉赫然在上，实至名归。

雷杜德笔下的月月粉，原画不知如何，但其铜刻版画似乎与活体植物不是十分相像，这也是我们今天为什么要对《玫瑰圣经》进行甄别和疏注的重要原因之一。

据记载，月月粉于1752年最早进入瑞典。1759年，人们在英国人约翰·帕森斯的花园里发现了月月粉，故西方谓之“帕氏粉红月季”（Parson's Pink China）。一般认为，月月粉是由当时的英国皇家植物园主管约瑟夫·班克斯爵士于1793年引入英国的。它被认为是引入英国的最伟大的观赏植物之一。因其株型、花径、花色适中，适应性很强，以至英国与其他欧洲国家的花园里，随处可见其芳容，西方人又亲切地称之为“老红脸”（Old Blush）。

据说至1823年，月月粉已经出现在英国的每一座乡村花园里。1815年秋，著名爱尔兰诗人托马斯·穆尔在位于爱尔兰基尔肯尼郡的别墅里，看到了一丛月月粉，有感而发，写出了《夏日最后的玫瑰》这首诗，开头写道：“这是夏日里最后的一朵玫瑰，独自绽放在枝头。”这也是世界上广为传唱、至今不衰的爱尔兰抒情歌曲《夏日的最后一朵玫瑰》歌词的来历。

14

Rosa feotida

异味蔷薇

异味蔷薇，因花朵盛开时会散发些许异味而得名。花色尤为鲜艳，花瓣正面为纯黄色，有单瓣和半重瓣之分。

异味蔷薇，亦名奥地利黄铜（Austrian Copper），为异味蔷薇的栽培类型。因花朵盛开时会散发些许异味，故名“异味蔷薇”。虽然气味不太好闻，但其花色却特别鲜艳，花瓣正面为纯黄色，还有单瓣和半重瓣之分，不易结果。

蔷薇的花色，从淡雅到华丽，变化范围极为广泛。但据统计，大多数野生蔷薇属植物的花色较浅，白色至淡粉色约占70%，只有12%左右为深粉色。在野外，有着明亮黄色花朵的蔷薇属植物分布于亚洲中部和西南部，而最为鲜艳的红色则只出现在中国四川西部，如华西蔷薇。而整个欧洲、非洲、美洲和亚洲大部地区，蔷薇的花色都比较柔和。

色彩鲜艳的异味蔷薇原产自中东地区，早在1597年英国出版的《本草要义》一书中已有记载。《本草要义》记录了16世纪西方人对已知或未知世界范围内的植物的认知，包括发现、栽培、分类等内容，堪称西方植物史上的一本奇书。1633年，该书经过英国植物学家托马斯·约翰逊改订，专业性有了较大提高。全书共计1700页，有2700余幅配图。在改订版出版之后的200年间，它一直是非常实用的西方本草读物。近年来，关于这本书还有一则非常有趣的故事，英国一位植物学家和一位历史学家，经过五年的研究，并向莎士比亚研究专家求证，最后确定《本草要义》中所绘制的四幅肖像，除了作者本人外，其他三幅中的一幅为33岁的莎士比亚的肖像，这引起了很多莎士比亚作品爱好者的关注。

《本草要义》的作者约翰·杰拉德，是一位兼任外科医生的理发师，同时也是一位植物学者，他不但自学成才，还在伦敦城内建有一座庭园，并和多名植物探险家签订合同，委托他们从海外收集奇花异草。因为在此之前，欧洲从来没有如此明艳的黄色蔷薇，所以约翰·杰拉德在《本草要义》一书中猜测，异味蔷薇的起源可能是“将野蔷薇嫁接在了金雀花的茎上”。

因其花色，异味蔷薇成为19世纪重要的月季育种资源之一，现代月季的明亮黄色和火焰色调均来自异味蔷薇类。1851年，它被引入澳大利亚后，遂在市面上以“单瓣黄蔷薇”（Single Yellow Sweet Brier）之名流行开来。异味蔷薇虽然源自中东地区，但颇具耐寒性，我国北京及其以北地区亦可露地栽培。

阿富汗的黄蔷薇和我国的黄蔷薇、樱草蔷薇，也属于开黄花的野生蔷薇。阿富汗黄蔷薇、我国樱草蔷薇与异味蔷薇的相似之处，在于其小叶均有双锯齿和腺毛，而区别仅在于异味蔷薇花有异味，且小叶下垂。

Rosa Eglanteria
Rosier Eglantier
P. J. Redouté pinx.
Imprimerie de Remond
Langlois sculp

15

Hume's Blush Tea-scented China

休氏粉晕香水月季

休氏粉晕香水月季，花朵硕大，浅粉色的花瓣呈现出丝绸般的质感，且散发着淡淡的迷人的甜香味。（此图摄于自家庭院。）

1809 年，作为中国的古老香水月季，休氏粉晕香水月季首次在欧洲开花，整个欧洲的园艺师都为它着迷，因为在此之前，他们从未见过如此优雅的品种。它花朵硕大，浅粉色的花瓣呈现出丝绸般的质感，且散发着淡淡的迷人的甜香味。

约瑟芬皇后在获知这个消息后，立刻着手将它从英国引进到自己的玫瑰园里。据说，当年英法海战期间，为了保证休氏粉晕香水月季尽早从英国安全抵达约瑟芬皇后的梅尔梅森城堡，拿破仑为此与英国协议，安排了特别海上通道。这个传说现已无从考证，但是休氏粉晕香水月季的珍贵确是事实。当然，拿破仑也的确在约瑟芬收集植物这件事上一直给予大力支持，即使是两人离婚后，他也同样命令他的战舰指挥官在搜查所有被扣押的船只时，一旦发现植物就送往梅尔梅森城堡，并且还做出特殊的安排：任何载有送给约瑟芬的玫瑰或其他植物的船只，都可以不受干扰地通过海军封锁线。

细心的读者也许会发现，雷杜德所绘的休氏粉晕香水

Rosa Indica fragrans
Rosier des Indes odorant
(vulg Bengale à odeur de the)
P. J. Redouté pinx.
Imprimerie de Rémond
Langlois sculp

月季版画下方标注的名字为 *Rosa indica fragrans*，意为茶香印度月季。这分明是中国的香水月季，为何名字中却有“印度”二字呢？

其实，源自中国的古老月季，在西方文献中被标注为印度或孟加拉国的品种并不少见。这是因为 200 多年前，欧洲植物猎人进入中国猎取中国月季、玫瑰和蔷薇后，大多要通过英国的东印度公司商船，运至印度的加尔各答植物园。加尔各答植物园创建于 1787 年，始创者为当时英国殖民政府陆军上校罗伯特・凯迪，他同时也是一位植物爱好者。植物园创建的目的是筛选经济价值较高的亚洲植物。所有物种在此经过植物学家的初步评估和筛选后，再转运至英国。当时，每当商船抵达英国港口，那些船长和其成功携带回国的月季品种，都会受到热烈追捧。

尤为约定俗成的是，中国月季品种的名字，以其所带之人或发现者的名字，作为其俗名。如休氏粉晕香水月季，据记载，是由一位东印度公司的员工约翰・里夫斯从中国广州的花地苗圃所购，然后寄给了英国一位东方植物收集者亚伯拉罕・休谟爵士。休谟爵士是一位狂热的园艺爱好者，他将其种在自己位于赫特德郡的庄园里。于是，休氏粉晕香水月季便以休谟爵士（Sir Abraham Hume）的姓氏定名。

现在我们在花市见到的，或是在花店买到的，其俗称不外乎为欧月，或统称为玫瑰。其实，它们的植物分类学中的名称应为“杂种茶香月季”，对应于 Hybrid Tea Rose，简称 HT Rose，统称“现代月季”。这个“茶香”的源头，就是来自“中国四大老种”中的休氏粉晕香水月季和帕氏淡黄香水月季。

现代月季的时间界限，西方将其人为设定为 1867 年。现代月季的第一个品种，被认为是法国的“法兰西”（La France），其主要形态和性状特征为：花瓣长而阔，叶片宽而长，四季开花，花朵带有茶香味。其实，像“法兰西”这样带有这些形态和性状特征的现代月季，与我国留存至今的“春水绿波”“金瓯泛绿”“六朝金粉”“黄宝相”等中国古老月季并无二致，它们早在北宋就已经盛行于大江南北，且名种无数。

至今流行于欧洲的休氏粉晕香水月季，在我国则失传多年。我经过多年定向搜寻，至今无果。所获相近者众，但无法确定到底哪一种才是真正的休氏粉晕香水月季。

16

Rosa feotida Bicolor

复色异味蔷薇

英国大英博物馆中保存着一块19世纪的古波斯羊毛地毯，以颇具艺术的手法描绘了《夜莺与玫瑰》的故事。立于花朵之上的夜莺似乎正在歌唱，一朵玫瑰如火焰般盛放，花开5瓣。花瓣的正面为红铜色，背面则呈金黄色。这朵玫瑰就是复色异味蔷薇。

复色异味蔷薇是异味蔷薇的一个美丽的芽变品种，乃伊朗颇具代表性的古老栽培蔷薇。自古以来，伊朗都以生产玫瑰而著称。至今，无论在伊朗的花园中，还是宗教建筑上，都能见到玫瑰的身姿。其玫瑰文化历史悠久，这一符号的背后，拥有诸多真实和隐喻的含义。在记录伊斯兰教先知穆罕默德言行的《圣训》中，当先知夜行登霄时，他汗水滴落的地方长出了第一枝芬芳的玫瑰。我们熟知的《夜莺与玫瑰》的故事也源自伊朗：在古波斯的一座花园里，夜莺为一朵美丽的白玫瑰所着迷，当它飞近为玫瑰歌唱时，玫瑰的尖刺刺破了它的胸膛。夜莺的血染红了玫瑰娇嫩的花瓣，夜莺虽死，却诞生了一朵鲜红的玫瑰。

古波斯的玫瑰文化曾风靡整个欧洲。终生从未踏足过伊朗土地的俄罗斯著名抒情诗人叶赛宁曾写过一首组诗《波斯抒情》，其中有一首尤为著名：“番红花的国度里暮色苍茫，田野上浮动着玫瑰的暗香……设拉子笼罩着一片月光，蝶群般的繁星在天顶回翔。”这里的“设拉子”是现今伊朗的第六大城市，自古就有“玫瑰之城”之称，公元前6世纪曾是波斯帝国的中心。以吟诵玫瑰著称的古波斯著名诗人萨阿迪和哈菲兹，亦长眠于此。

复色异味蔷薇不仅因其美貌而备受园丁喜爱，在一些中东国家，还常被种植于果园中，因为异味蔷薇虽然耐旱，但抗病性较差，特别容易感染黑斑病，故常被果农作为果树感染霉病的指示性植物。

不过若将复色异味蔷薇种在庭院里，它也有可能会开出纯黄色的花来。这时千万不要以为所购种苗有什么问题，而是因为它是一个芽变品种，一言不合就会出现返祖现象，变回它原来的模样。

19 世纪古波斯彩色羊毛地毯（大英博物馆藏）上的复色单瓣异味蔷薇，乃伊朗颇具代表性的古老栽培蔷薇。

Rosa Eglanteria var. punicea
Rosier Eglantier var. couleur ponceau
P.J. Redouté pinx.
Imprimerie de Rémond
Coutan sculp

17

Rosa canina

狗蔷薇

安德森狗蔷薇（*Rosa canina andersonii*），狗蔷薇的一个类型。

稍作留意就不难发现，莎士比亚的文学作品中随处可见的植物，或是常见的玫瑰，或是十分罕见的碎米荠（*Cardamine hirsuta*）。

“野蔷薇姿色撩人 / 与玫瑰一样芳香四溢 / 高挂于藤蔓之上，悠闲嬉戏 / 夏日来临，花苞轻轻开放 / 可是，野蔷薇的好处只在于色相 / 寂寞开无主，凋零无人怜 / 它们寂寞地死去……”这是莎士比亚《十四行诗》中的一首，诗中“凋零无人怜”的野蔷薇，据说就是狗蔷薇。

狗蔷薇在欧洲分布很广，常见于林地边缘，为直立小灌木，一季开花，花色从白色至浅粉，变异较多，类型也多，据称共400余种。然而，它在欧洲庭院中却一直不受待见，大概是它拱形多刺的枝条和花径较小、香味较淡的花朵惹的祸。

关于狗蔷薇的得名，有一种说法是当时的人们相信它的浸泡液具有疗效，可以治愈疯狗咬伤；另一种说法则是因为它的皮刺形状本身就像狗的牙齿。它曾经还有一个更为不雅的名字“溃疡花”，这也验证了一件事，生得美丽的花，并不见得都会获得与之相符的好名字。在欧洲，曾有人为狗蔷薇不受待见而抱不平，认为人们过于重视具有馥郁花香的玫瑰，如大马士革蔷薇、法国蔷薇等。事实也正是如此，具有芳香的花总是更容易受到人们的青睐。狗蔷薇的起源至今并不十分清楚，有的史料记载其始现于1770年前，也有人认为其在欧洲至少已有上千年历史。

狗蔷薇的多个变种常被作为砧木使用，用来芽接或枝接繁殖其他蔷薇属植物。1851年，一个名为“外来植物苗圃场”的种苗商，以*Rosa canina*之名将其引入澳大利亚。

Rosa Montezuma
Rosier de Montezuma
P. J. Redouté pinx.
Imprimerie de Rémond
Langlois sculp

18

Rosa gallica Officinalis

重瓣法国蔷薇

关于玫瑰绘画，中国最为细微精准的一幅是由南宋画家马远所绘的《重瓣白刺玫》。其一枝一叶，一脉一瓣、一刺一节、一花一蕊，无不纤毫毕现。与现今的重瓣黄刺玫对照，除花色有异外，几乎一模一样，完全可视作植物标本画的代表之作。19 世纪上半叶奥地利著名画家费迪南德·乔治·瓦尔特米勒的《玫瑰》静物画，亦可视作植物绘画。它虽以“玫瑰”之名闻名，其实画中的玫瑰应为重瓣法国蔷薇。

法国蔷薇是由瑞典著名植物学家林奈在 1759 年命名的。在西方玫瑰历史上，因其美丽、香味和经济价值，法国蔷薇被视作唯一可与大马士革蔷薇相提并论的蔷薇属植物。它栽培历史悠久，为矮生灌木，开有大朵的重瓣花朵，香味浓郁，是西方世界第一种人工栽培的蔷薇属植物，早在庞贝和赫库兰尼姆两座古城的彩绘壁画和马赛克镶嵌画中就已有它们的美丽身姿。公元 79 年维苏威火山爆发后，这两座城市被永久地封存在厚厚的火山灰下面。

重瓣法国蔷薇花色较深，芳香浓烈，半重瓣，一季开花。其学名中“Officinalis”在拉丁文中意为适合药剂师使用，因此重瓣法国蔷薇又以“药剂师蔷薇”（Apothecary’s Rose）这一英文旧称广为流传，至今仍作为世界上最受欢迎的古老月季之一而得到广泛栽培。

据称，重瓣法国蔷薇于 1160 年前就已在欧洲栽培，14 世纪以前，法国巴黎附近的小镇普罗旺已经以生产重瓣法国蔷薇而闻名。据记载，1860 年普罗旺曾经出口 36 000 千克重瓣法国蔷薇至北美地区。重瓣法国蔷薇如此受欢迎，不仅因为它可以食用等，最为重要的一个原因是，在当时它是西方医药中使用最多的蔷薇。英国伊丽莎白时期的药剂师将其比喻为灵丹妙药，认为它对一般性疼痛、呕吐、排尿困难等五十多种病痛都有疗效，甚至认为它可以改善“智力欠缺”的问题。

重瓣法国蔷薇耐阴，因其极易从基部萌发新枝，故日常养护方法亦与中国玫瑰相似，非常容易打理，及时除去枯枝即可。

Rosa Gallica officinalis
Rosier de Provins ordinaire
P. J. Redoute pinx.
Imprimerie de Remond
Langlois sculp

19

Rosa carolina 卡罗来纳蔷薇

1986 年，时任美国总统罗纳德·里根在白宫玫瑰园宣布，将玫瑰定为美国的国花。在他的激情演讲中，他将玫瑰称之为“既是生命、爱和忠诚的象征，也是美和永恒的象征”。白宫玫瑰园也一直被看作是美国总统权力的象征，由美国第 28 任总统托马斯·伍德罗·威尔逊的夫人艾伦所创立。第 35 任总统约翰·肯尼迪和夫人杰奎琳在出访欧洲后，重新对玫瑰园进行了规划和扩建。

这里的“玫瑰”，自然多指月季。在月季成为国花以后，美国的月季园如雨后春笋般涌现，不仅有亚特兰大品种保存园、国际月季新品种测试园，而且还出现了具有纪念性的月季名园，比如位于纽约植物园内的佩吉·洛克菲勒月季园（Peggy Rockefeller Rose Garden），就是由洛克菲勒家族捐建的。因其布局别致，古老月季众多，且各种免养护月季实验层出不穷，故于 2012 年荣获世界月季联合会颁发的“世界月季名园”称号。

卡罗来纳蔷薇是第一批登陆欧洲的美国本土蔷薇属植物之一，早在 1732 年，英国肯特郡已有种植。它又被俗称为“牧场蔷薇”。这种蔷薇植株耐盐碱，在美国卡罗来纳州非常普遍，多分布于牧场、高地、山谷和沿海平原地区。其最易识别之处在于雌蕊呈红色，花萼和萼筒被腺毛。它夏天开放，花香怡人，花瓣为粉色至浅红色，叶片在秋天则变成红色或黄色。适合成片栽培，观赏价值较高。

我曾多次前往美国寻访中国古老月季，其中小住加州，专程前往汉廷顿植物园图书馆查阅相关资料的经历，至今仍记忆深刻。汉廷顿图书馆为著名的研究中心，所藏古籍颇多，进入该馆查阅资料，需要有美国公民担保。我当时的担保人是钢铁专家陈棣先生及其夫人。陈棣先生的母亲就是有“月季夫人”之称的蒋恩钿女士。蒋恩钿女士为中国古老月季研究事业做出了巨大的贡献，人民大会堂月季园便是其代表之作。那时我在研究中心里面待了数天，几乎不吃不喝，如饥似渴地饱览各种月季类古籍，其中就有雷杜德的初版《玫瑰圣经》上、中、下三册，略显发黄的纸张，似乎熨平了时光的褶皱，200 年前的枝叶和花朵仍鲜活灵动。特别是那间阅览室所呈现的古典气韵，令人十分着迷。

Rosa Carolina Corymbosa
Rosier de Caroline en Corymbe
P. J. Redouté pinx.
Imprimerie de Remond
Langlois sculp

20

Rosa pimpinellifolia

新疆喀纳斯的密刺蔷薇，为喀纳斯湖区最具代表性的蔷薇，生于山地、草地、林间、灌木丛和河岸等地。

“世界上所有的玫瑰都不适合我，我只想成为我自己。只有苏格兰的白色小玫瑰，闻起来，又香又令人心碎。”

这是在苏格兰土地上广为流传的一首诗。诗里的苏格兰白玫瑰就是茴芹叶蔷薇。英国国王詹姆斯二世（也是苏格兰的詹姆斯七世）被废黜后，他的孙子查尔斯·爱德华·斯图亚特从法国返回苏格兰，谋划复辟斯图亚特王朝，在前往卡洛登沼泽与英军决一死战的早晨，他从花园里摘下一朵苏格兰白玫瑰，插在了自己的帽子上。虽然这场战役终结了斯图亚特王朝的复辟，但从此茴芹叶蔷薇就与苏格兰人有了一种特别的联系。20 世纪，在苏格兰民族主义者争取独立运动中，它成为一种象征。至今，在苏格兰的文学作品中，茴芹叶蔷薇仍被称为“苏格兰白玫瑰”。

茴芹叶蔷薇名字里的“*pimpinellifolia*”在拉丁文中为“茴芹”之意，并因叶子似茴芹而得名，又俗称“茴芹蔷薇”或“苏格兰蔷薇”。它分布广泛，在欧洲西部边缘、西伯利亚南部和中国西北部都可见其踪迹。

Rosa Pimpinelli folia Mariæburgensis *Rosier de Marienbourg*

P.J. Redouté pinx. *Imprimerie de Rémond* *Chapuy sculp*

在英国，茴芹叶蔷薇尤为多见，是英国常见的三种野生蔷薇属植物之一。与日常生活中常见的狗蔷薇和绣红蔷薇不同，它多生长于悬崖、荒野和沙丘等地，尤其是在海峡群岛等海风肆虐的地方，因为匍匐生长的习性，足以让它抵御风暴，旺盛生长。

野生茴芹叶蔷薇一般被认为是密刺蔷薇（*Rosa spinosissima*）的同种异名蔷薇。密刺蔷薇的茎上长有密密麻麻的皮刺，自然变异和人工杂交种类很多，颜色有白、黄之分，花朵有单瓣和重瓣之异。

早在古罗马著名学者老普林尼的著作《自然史》中，密刺蔷薇这种多刺低矮灌木就已有记载。据说老普林尼是历史上最勤奋的专家之一，《自然史》共37卷，内容几乎囊括了整个自然界各个方面的内容。关于老普林尼之死，广为流传的说法是他出于科学研究精神，在维苏威火山爆发的当天前往庞贝实地考察，不幸遇难。其实根据史料记载，当时作为古罗马舰队首领的老普林尼，在意识到危险降临时，将出于好奇的考察变成了救援，最终在率领舰队前往庞贝营救的回程中，可能因火山灰和毒气而窒息去世。

在我国新疆自然名胜之地喀纳斯湖区，沿湖的山坡上就能发现密刺蔷薇的倩影。喀纳斯湖区海拔约1380米，位于新疆北部的阿尔泰山中段，蔷薇种类颇多。密刺蔷薇为喀纳斯湖区最具代表性的蔷薇，生于山地、草地、林间、灌木丛和河岸等地。其株型矮小，高不过1米，属矮小灌木。枝干密被皮刺和毛刺，花蕾露色时可见米黄色尚未开放的花瓣。初夏开花，花朵较大，气味香甜，金色雄蕊尤为醒目，叶片小而色深。其蔷薇果几乎呈饱满的球形，成熟时变成黑色，富有光泽。

喀纳斯的密刺蔷薇常与柳叶兰和茅草伴生，耐阴、耐旱，抗病性极强，成为映衬清澈湖水、与蓝天白云相伴的一道靓丽风景。

21 ～ 40

THE BIBLE OF
ROSES

Interpretation

21

Rosa centifolia var. *muscosa* 'Alba'

重瓣白苔蔷薇

在欧洲，苔蔷薇也属于古老栽培蔷薇类群，有时亦俗称为“苔藓玫瑰系”。我国出版的《生物医药大字典》中则把 *Rosa centifolia* var. *muscosa* 译为“毛萼洋蔷薇”，据称引自陈嵘专著。

陈嵘先生是我国树木分类学奠基人，早年留学东瀛，1923 年赴美国哈佛大学阿诺德植物园研究树木学。1925 年回国后，他曾任金陵大学森林系教授，著有《中国树木分类学》等开山之作。很显然，所谓毛萼，当指花萼上由腺毛畸变而来的毛叶状物。如若遵从这一译法，则亦可将 *Rosa centifolia* var. *muscosa* 'Alba' 译为“白花毛萼洋蔷薇”。

由此可见，若非特别规定，外来植物的译名并不统一，直译、会意并存，译者偏好、特征表述等亦非鲜见。这也说明，植物的拉丁学名何其重要，它才是国际间植物学术交流的桥梁。

普通的苔蔷薇花瓣繁多，留给雌蕊和雄蕊的空间较为局促，虫媒或风媒等传粉困难，因而多不易结实。好在苔蔷薇芽变发生率较高，故而常见一些变种，变得越发清新可爱。

重瓣白苔蔷薇，亦名 White Moss Rose，是白苔蔷薇的重瓣类型，同样源自百叶蔷薇，约始现于 1696 年前后。花瓣极多，可达 50 瓣，芳香浓烈，一季开花。其花白粉色，这是因为在芽变的过程中，有时会遗留一些百叶蔷薇的粉红色，似有藕断丝连之迹。

如果要从苔蔷薇中选出特别美丽的品种，那么法国著名育种家让・拉法叶培育的“夜之冥想”一定名列其中。在让・拉法叶的一生中，他共计发布了 500 多个新品种。“夜之冥想”取自英国诗人爱德华・杨（Edward Young）的代表诗作《夜之冥想》之名，由中国月季培育而来。

Rosa centifolia var. *muscosa* 'Alba' / 重瓣白苔蔷薇 /

22

Rosa arvensis

德国野生田野蔷薇。（摄于德国古堡古老月季园。）

在种类繁多的花卉品种出现之前，乡野间的野蔷薇总是令空气中飘浮着淡淡的香气。田野蔷薇于1762年被发现并命名，英文名为Field Rose，广泛分布于保加利亚至爱尔兰的欧洲大片地区。

田野蔷薇的白色花朵朴实无华，花径较小，单生，雄蕊金黄色，雌蕊集合成柱、呈青绿色，花枝多为浅紫色。有趣的是，田野蔷薇虽属一季开花类型，但秋季多少能零星开出几朵花，以示对春的追忆。

在英国文艺复兴时期的艺术创作中，常出现田野蔷薇的身影。它最为著名的艺术形象，是出现在伊丽莎白一世时期，著名的微型肖像画家尼古拉・希利亚德的代表作《蔷薇丛中的少年》中。画中的青年男子，据传是女王当时的宠臣——埃塞克斯第二伯爵罗伯特・德弗罗。有学者点评道："这幅画描绘了一位衣饰华丽的青年在蔷薇丛中，倚在一棵树上的纯洁无瑕的形象。其画本身就是艺术与自然完美结合的象征。"不过现实中，德弗罗的命运比较悲惨，最后以叛国罪被处决。有人认为这里的田野蔷薇是伊丽莎白

Rosa arvensis ovata
Rosier des champa à fruits ovoïdes
P.J. Redouté pinx.
Imprimerie de Remond
Chapuy sculp

个人形象的象征；青年男子身穿的黑、白两色衣服，则分别象征着忠贞与纯洁。

关于田野蔷薇的气味，不同的人有截然不同的描述。据记载，在讨论莎士比亚著名喜剧《仲夏夜之梦》中提到的蔷薇是麝香蔷薇还是田野蔷薇时，一位英国皇家月季协会的会员根据自己的观察，认为这种蔷薇无论是白天还是夜晚，亦无论是在野外还是在栽培条件下，都根本没有香味；而英国著名月季专家格雷厄姆·斯图亚特·托马斯，则认为它“香气浓郁”。

我在访问德国莱比锡大学时，曾专门到郊外田野丘岗寻访田野蔷薇。它的香味较淡，其小叶和花枝的模样，特别是雌蕊伸出瓣外的长度和颜色，的确令人过目难忘。植于北京郊外，也能越冬，花开如常。

田野蔷薇属于半藤本，这对于以直立小灌木野生蔷薇为多见的欧洲而言，已经是非常稀罕了。它们常常在阴凉的田野边缘蔓延成绿篱。田野蔷薇就是那样，用它带钩的皮刺，倔强地攀爬在树上，或是随性地在地面伸展。

23

Portland Rose 'Duchess of Portland'

波特兰月季

波特兰月季的身世称得上扑朔迷离。现在能够确定的是，在19世纪中期，它非常受欢迎。波特兰月季，也叫四季猩红月季（Scarlet Four Seasons' Rose），常用英文名为Portland Rose。它具备多种蔷薇的形态特征，花朵和株型像法国蔷薇变种药剂师蔷薇，叶片似普罗旺斯蔷薇，而花梗和蔷薇果则与大马士革蔷薇如出一辙。之所以称其为月季，是因为它具备连续开花的特性，这显然是1753年前后"中国四大老种"到达欧洲以后所育成的类群。

波特兰月季名字的由来，与当时的梅尔梅森城堡玫瑰园园艺专家安德鲁·杜彭有关。1803年，杜彭收到了一株来自英格兰的玫瑰，据说这种玫瑰由热爱植物收藏的波特兰公爵夫人在自家花园中发现。1809年，在经过栽培待其开花后，杜彭将其命名为"波特兰月季"。

在同时代的育种专家和玫瑰爱好者看来，杜彭个性古怪，却热爱玫瑰成痴。也有人开玩笑说，他将所有的温柔都献给了玫瑰。他是当时最著名的业余月季育种专家，从1785年就开始在自己的花园里培育各种玫瑰。在应邀前往梅尔梅森城堡工作前，他曾是约瑟芬皇后主要的玫瑰供应者。当中国月季抵达梅尔梅森城堡玫瑰园之后，杜彭利用中国月季至少培育出25种玫瑰，对19世纪初玫瑰的流行做出了巨大贡献。

1814年，杜彭将自己收集培育的537个品种赠予巴黎卢森堡花园，这也是卢森堡花园成为当时世界上最大的玫瑰园的开端。卢森堡宫接收了杜彭的赠予后，将许多月季种在台地花园尤为醒目的位置，整个交接过程中唯一被遗漏的细节是，之前已协商好的应给予杜彭的600法郎养老金。这件事一拖再拖，直到生命的最后一年，杜彭还在默默等待着这笔品种补偿金。

此种波特兰月季花朵为红色，半重瓣，花径中等，带有大马士革蔷薇的芳香，多数单朵着生。1811年安德鲁所绘 Rosa Portlandia，其实就是这种波特兰月季模样的另一个版本。安德鲁认为，其明亮的颜色，是任何艺术品都难以逾越的。

有人认为，此种波特兰月季应该带有中国斯氏猩红月季（即赤龙含珠）的基因。但法国里昂第一大学完成的基因分析结果表明，此种推断并不成立。即便如此，波特兰月季仅凭其火红的花色、浅绿的花梗和淡黄绿色的叶片，就可以很容易地与大多数月季品种区别开来。

安德鲁（H. C. Andrews）画于1811年前后的波特兰月季。

Rosa Damascena Coccinea
Rosier de Portland
P.J. Redouté pinx.
Imprimerie de Remond
Bessin sculp

24

Rosa palustris

无论是化石还是活体植物，南半球都没有任何野生蔷薇属植物可觅。而在北半球，从西伯利亚以西到阿拉斯加的极地地区，从缅甸热带雨林到海风肆虐的赫布里底群岛，都有蔷薇属植物存在。既有数十厘米高的袖珍灌木，也有株型庞大的物种，在如此复杂多样的环境中，蔷薇属植物展现了令人惊讶的综合适应能力，例如唯一遍布北极地区的植物物种，就是一种名为刺蔷薇（*Rose acicularis*）的玫瑰，它枝条上的刺毛，可以帮植株抵御严寒。

沼泽蔷薇（Marsh Rose）是少数几种能忍耐极为潮湿土地的蔷薇属植物之一。自1726年以来，它逐步得到园艺家的重视。在拉丁语中，“palus”即为沼泽之意。

沼泽蔷薇分布于美国佛罗里达州至加拿大东部的沼泽地区。在美国寻访沼泽蔷薇时可得小心，花丛之下，一不小心就会碰上长达数米、重达数百公斤的短吻鳄，这绝非天方夜谭。

沼泽蔷薇花色鲜红，花径较大，有着较为浓郁的甜香味。株型直立，枝干挺直但略显柔软，枝叶伸展，叶片光亮。

沼泽蔷薇的特点是其托叶狭长，蔷薇果近球形，成熟时呈红色。春季开花后，秋后尚可少量见花。特别是其枝干，入秋即呈紫红色。冬季叶片凋落后，红色的蔷薇果和鲜红的枝干，成为冬天里一抹不可多得的俏色。它与红瑞木相近，都是庭院景观、特别是水岸湿地的理想观赏植物。沼泽蔷薇有单瓣和重瓣两类，重瓣者景观效果更佳。

P.J. Redouté pinx.　　Imprimerie de Remond

25

Rosa pimpinellifolia 'Double Pink Scotch Briar'

半重瓣茴芹叶蔷薇

半重瓣茴芹叶蔷薇，英文名为 Double Pink Scotch Briar，是野生茴芹叶蔷薇的重瓣类型，花瓣呈粉红色，观赏价值较高。半重瓣茴芹叶蔷薇与茴芹叶蔷薇的区别，主要在于花瓣数量和颜色。茴芹叶蔷薇相对容易识别，其枝干密被皮刺和刺毛，花梗上有腺毛，花萼光滑，萼片两侧几乎不分裂，先端也没有常见的尾叶。

茴芹叶蔷薇忍耐贫瘠土壤的秘诀之一，就在于其枝干上密密麻麻的皮刺。皮刺、毛刺、腺毛，三者均为枝干上的附着物，有利于植物自身争夺阳光和水分。皮刺，在大众语境中多简称为"刺"，不过植物学家须用"皮刺"这个分类学名词。刺可以指树枝畸变形成的枝刺，而皮刺则直接从枝干和花枝伸出；毛刺则是木质化程度不高的刺，如玫瑰、刺蔷薇（*Rosa acicularis*）等花枝上的刺，受力可以弯曲；至于腺毛，则多分布于小叶边缘或是花梗周边，其先端通常具有腺体，如苔藓蔷薇，还能散发出浓郁的芳香。

茴芹叶蔷薇顽强的生命力，使它能够在其他玫瑰不易生长的环境中茁壮生长。在过去的几百年里，人们将茴芹叶蔷薇带往北美洲、欧洲和南半球各地。加拿大女作家露西·莫德·蒙哥马利 (Lucy Maud Montgomery) 在作品《绿山墙的安妮》里，描绘了苏格兰移民对它至死不渝的热爱；在冰岛，人们将它称为"荆棘玫瑰"，意思是睡美人，可能是因为它开花较早，美丽的花朵如同在漫长而黑暗的冰岛冬天醒来的睡美人；在挪威，它则与挪威民间的巨魔联系在一起。

然而有趣的是，近年来生存于北欧的茴芹叶蔷薇，却受到了来自中国玫瑰的威胁。中国玫瑰在作为园艺品种被引进当地后，从花园里逃逸，将海岸沙丘作为栖息地，长势极为茂盛。

Rosa Pimpinelli folia rubra
(Flore multiplici)
Rosier Pimprenelle rouge
(Variété à fleurs doubles)
P. J. Redouté pinx.
Imprimerie de Rémond
Chapuy sculp

26

Rosa moschata Semi-plena

半重瓣麝香蔷薇

半重瓣麝香蔷薇。（林彬摄）

玫瑰的价值并非仅仅源于它的美丽和芬芳。尽管在药用植物学历史上，它无法与罂粟相提并论，但是在20世纪以前，无论在东方还是西方的医学史上，它都曾占有一席之地，被认为是医治人类疾病的良药。比如，大马士革蔷薇向来被认为不仅可以包治百病，而且可以强健心脏、提神醒脑，甚至还是强有力的催情药；法国重瓣蔷薇则被英国伊丽莎白时期的药剂师当作灵丹妙药；而金樱子则早在我国宋代以前就开始作为药材栽培了。

麝香蔷薇的药用历史也非常悠久。除了和大马士革蔷薇一样被用于强健心脏、提神醒脑外，其中更为有趣也更令人信服的记载，来自伊丽莎白时代的植物学家、理发师兼外科医生约翰·杰拉德，在他给病人开的处方中，就有在正餐、甜点或其他美好的食物中，添加用麝香蔷薇制成的玫瑰水，以此来温和地清理肠道中未消化的、黏液质的，偶尔还可能是胆汁质的排泄物。甚至，他还将麝香蔷薇的花瓣作为健康食物大力推荐，建议将其做成沙拉或是根据用餐人的喜好做成其他佳肴，人们在享受美味的同时，还能顺便清理肠胃。

雷杜德所绘的这种半重瓣麝香蔷薇大约始现于1513年，它被普遍认为是麝香蔷薇的芽变品种。半重瓣麝香蔷薇外瓣宽大，而内瓣

Rosa Moschata flore semi-pleno
Rosier Muscade à fleurs semi-doubles
P.J. Redouté pinx.
Imprimerie de Rémond
Charlin sculp

较小，花瓣数量也不算多。奇妙的是，原本蔷薇的芳香多半来自花瓣，而半重瓣麝香蔷薇浓郁的香气则是源自其花蕊，浓烈的麝香味中混有明显的丁香味。其花蕾露色时，带有粉红色，盛开时则呈纯白色。其株型可以通过定向栽培，将其培育为灌木或半藤本。这种可藤可灌的特性，可以说是欧洲古老蔷薇的显著特征之一。

英国著名月季育种专家大卫·奥斯汀在选育新品种时，尤其注重玫瑰的美感。他的英国月季品种目录里，也有不少这样的品种。像“黄金庆典”（Golden Celebration）、“夏洛特夫人”（Lady of Shalott）、“威基伍德”（The Wedgwood）等，都具有藤灌两用之特性，只要适度修剪就能改变其株型高矮。当然，这种可藤可灌式的藤本蔷薇，其藤性与中国粉红香水月季等大型藤本月季相比，还是不可同日而语。即便与我育成的“香粉蝶”（Fragrant Butterfly）比较，也只能是小巫见大巫了。

27

Rosa chinensis CV

灰白叶月月红

月月红又被称为“唐红”，因为它最早出现于唐代之前。“月月红”这个名字则始于宋代，因其月月开红花而得名。与月月粉一样，月月红在我们的生活中颇为常见，且栽培寿命极长，是中国古老月季的一个类群，即指花朵重瓣、花色深红、能够四季开花的一类月季。

现代基因分析表明，月月红既含有野生单瓣月季花（*Rosa chinensis* var. *spontanea*）的基因，也有多花蔷薇的基因。多花蔷薇为伞房花序，多朵集生，这也正是月月红一根花枝上多见数朵聚生的原因。

中国的野生单瓣月季花属月月红类群之原始种。在全世界蔷薇属植物中，它应是最重要的一种，是当今世界上所有能四季开花的月季、玫瑰和蔷薇的祖先。它与中国的大花香水月季在月季育种史上的影响，比世界上其他任何蔷薇物种都要大，使用它们繁衍而来的类群有中国月季和茶香月季、波旁月季和诺伊赛特月季、杂交茶香月季和丰花月季等。现在，这些类群早已占据了世界各地花园的每一个角落。

野生单瓣月季花之学名，其实是特指一种野生蔷薇原种，而并非指某种月季。单瓣月季花（*Rosa chinensis* ‘Single’），则为我国古代园丁培育出的一个品种。之所以如此，是因为单瓣月季花早于野生单瓣月季花被发现和定名。早期，很多从文献上研究中国月季的学者，尤其是西方学者，一直将单瓣月季花当作野生种，他们到中国漫山遍野地寻觅，自然无功而返。

中国野生单瓣月季花最早是由奥古斯汀·亨利（Augustine Henry）于1902年在湖北宜昌发现的。再次发现则是在1983年，发现者为当时在四川大学留学的日本人荻巢树德（Mikinori Ogisu），他是英国著名月季专家格雷厄姆·斯图亚特·托马斯的学生。格雷厄姆曾多次嘱咐荻巢树德，一旦有机会到中国，一定要去寻找野生单瓣月季花。尽管荻巢树德的这次发现非常偶然，但是却再次引发了世界各国的月季专家对月季花祖先的寻根热潮。现在，野生单瓣月季花已被引种于英国、美国、德国、法国、日本、意大利及南非等国。

美国加州采石山植物园主任比尔曾专程来中国，赴四川深山中采集单瓣月季花的种子，后将其带回美国繁育成小苗，栽种在植物园的小山顶上。当我前往时，那株小苗早已长成茂盛的大藤本。比尔还在山顶上辟出一块平地，仿照四川藏区搭建了一座经幡。蓝天之下，经幡飘扬，仿佛在欢迎我这位来自其故乡的月季痴迷者。

根据《中国植物志》记载，野生单瓣月季花“原产于湖北、四川、贵州等地，花瓣为红色，单瓣，萼片常全缘，稀具少数裂皮”。但根据我多年来在四川等地实地调查发现，其形态特征远比以上这些更为复杂和多样。就花色而言，可分为白花型、粉红花型和猩红花型，相互间区别明显，但不论是哪一种类型，花蕾显色部分均不带杂色晕斑，与香水月季类有异。

雷杜德所绘的这种半重瓣月月红，有人认为是赤龙含珠。但就枝叶和花的主要形态特征而言，其相似度并不高。据其小叶背面呈灰白色这一显著特征，我以为将其暂且命名为“灰白叶月月红”较为合适，以待日后进一步比较研究。

Rosa Indica Cruenta
Rosier du Bengale à fleurs pourpre de sang
P. J. Redouté pinx.
Imprimerie de Remond
Langlois sculp

28

Rosa majalis Foecundissima

重瓣桃花蔷薇

重瓣桂味蔷薇（*Rosa majalis* 'Plena'）。

这种桃花蔷薇为桂味蔷薇（*Rosa majalis*）的重瓣品种，英文名为 Cinnamon Rose。因其花型与花色极像重瓣桃花，我在德国古堡古老月季园邂逅它的时候，“人面桃花相映红”的意象油然而生，遂给它起了这个形象而又好记的中文名。

就蔷薇分类学而言，桂味蔷薇是蔷薇属下面的一个组，这个组非常大，目前已拥有 30 种蔷薇，大家所熟悉的玫瑰，就是其中之一。之所以称其为桂味蔷薇的原因众说纷纭，据英国植物学家约翰·杰拉德在《本草要义》中记载，这是源于其叶片独特的气味；而有的人则认为，是因为桂味蔷薇的叶片经过发酵后可以作为某些肉桂的替代物；还有人认为是因其红棕色的茎与肉桂十分相似。总而言之，起名的缘由莫衷一是，而“肉桂蔷薇”也成为其别称之一。

桂味蔷薇的许多种均原产于欧洲寒冷地区，如瑞典、芬兰、西伯利亚等地，为落叶灌木，枝干红褐色，皮刺稀少，小叶 5 ~ 7 枚，叶缘呈锯齿状。

Rosa Cinnamomea Maialis
Rosier de Mai
P.J. Redouté pinx.
Imprimerie de Remond
Chapuy sculp

桂味蔷薇组中，鼎鼎大名的当数腺果蔷薇（*Rosa fedtschenkoana*）。它原产于中亚至中国的新疆地区，是大马士革蔷薇的重要亲本之一，由俄罗斯费琴科家族命名，这个显赫的家族中曾出现过三位著名的植物学家。

腺果蔷薇的匍匐枝上带有小皮刺，花朵为扁平的白色小花，露出漂亮的黄色雄蕊。叶片呈明显的浅灰色。此花的园艺价值，在于其春花之后，秋天尚能开出些许小花，但并非具备像月季那样连续开花的特性。

重瓣桃花蔷薇出现于1583年前后，直立中型灌木，外瓣大于内瓣，内瓣狭长，瓣多塞心，呈纽扣状，皮刺多于托叶处成对生状。它的枝干呈紫红色，秋季色尤深。花大，色妍，花枝曼妙，抗旱性较强，是水岸、湿地、草地、庭院等地的极佳景观树种。

29

Autumn Damask Rose

秋大马士革蔷薇

秋大马士革蔷薇为重瓣，秋季也能少量开花。

至今，我遍寻世界各地，也无缘目睹雷杜德所绘月季、玫瑰和蔷薇的原作，颇为遗憾。

2010 年，苏富比拍卖会上展示了约 50 幅雷杜德绘于羊皮纸上的手绘玫瑰图。一位匿名买家拍走了全部作品。其中一幅成交价高达 250 000 英镑，这幅原估价 50 000 ~ 70 000 英镑的作品中，画的便是一枝秋大马士革蔷薇。它的花瓣先端为浅粉色，随着向中心延伸，粉色逐渐加深，与淡绿色的花枝和红色的皮刺形成鲜明的对比。

现在许多月季爱好者熟知的大马士革玫瑰，其实就是大马士革蔷薇。大马士革蔷薇有夏大马士革蔷薇（Summer Damask Rose）和秋大马士革蔷薇（Autumn Damask Rose）之别，两种均为重瓣类型。不同之处仅在于夏大马士革蔷薇只能在春季或夏季开花（因所处地域不同，故开花有春、夏之分），而秋大马士革蔷薇则在秋天也能少量开花，这也是分布于新疆、伊朗等地的中东野生腺果蔷薇（*Rosa fedtschenkoana*）的重要性状之一。原产于我国的玫瑰，也能于秋季见到花果同株之景。

现代基因分析表明，大马士革蔷薇起源于法国蔷薇、麝香蔷薇和腺果蔷薇。据推测其形成过程是法国蔷薇与麝香蔷薇杂交之后，再以腺果蔷薇做父本杂交。如何才能完成这一远缘杂交的壮举，至今无从查考。

从古至今，大马士革蔷薇都是世界上最富有经济价值的蔷薇属植物。最初，它就是作为香料进行栽培的。它栽培相对容易，香气浓郁，味道独特，且花瓣富含芳香油，是珍贵的玫瑰精油原料。类似这种芳香如此浓郁的蔷薇，还有我国的玫瑰。从国内外对其精油成分与含量进行分析的报告来看，玫瑰并不输大马士革蔷薇，只是玫瑰香料的生产晚于西方而已，才让大马士革蔷薇有了大放异彩的机会。

有趣的是，人们从未发现过野生的大马士革蔷薇。据称，荷马史诗中就有关于重瓣蔷薇栽培的记载，并由此推测其为大马士革蔷薇。也有人认为，大马士革蔷薇出现于1560年前后。关于大马士革蔷薇流散至欧洲，有两种说法：一种是古罗马十字军东征，经叙利亚首都大马士革返回时，发现了这种花型优美、香气浓烈的重瓣蔷薇，遂作为战利品带回欧洲，因其来自大马士革，故称之为“大马士革蔷薇”；另一种说法则是叙利亚大马士革的使节，前去伊朗朝拜姆萨尔清真寺时，带回了几株当地被叫作“伊朗红”（Iranian Red Flower）的重瓣栽培蔷薇，后被引入欧洲，并以“大马士革玫瑰”之名广泛栽培。

姆萨尔村位于丝绸之路西端，占地面积不大，现今常住居民不过3500余人。当地人称之为“伊朗红”的大马士革玫瑰，也叫穆罕默迪玫瑰（Mohammadi Rose）。姆萨尔村也曾是苏麻离青钴料的知名产地。这是一片神奇的土地，“伊朗红”红遍天下，而“青花青”苏麻离青钴料则成就了中国元明时期最为上乘的瓷器之釉下青花。

Rosa Hudsoniana Salicifolia *Rosier d'Hudson à feuilles de Saule*

P. J. Redouté pinx. *Imprimerie de Remond* *Langlois sculp*

30

Double Miniature Rose

重瓣微型月月粉

南京微型月月粉，花色较浅，萼片带有些许分裂。

重瓣微型月月粉，西方亦称其为 *Rosa chinensis minima*。现在西方流行的重瓣微型月月粉，是鲁莱特上校于 1917 年前后在瑞士一家农户的窗台上发现的。

重瓣微型月季有几种类型，每一种都不尽相同。雷杜德所绘重瓣微型月月粉，从其形态特征来看，与我 30 年前在南京王府园里发现的微型月月粉极为相似，其萼片呈羽状分裂。而台湾发现的微型月月红，其花为红色，花朵直径也更大一些，俗称“台湾小香粉”。

重瓣微型月季非常容易识别，简而言之，就是小一号的月月粉。因此，我推测雷杜德所绘重瓣微型月月粉为中国古老月季名种月月粉的实生苗后代。

至于实生苗出现变异的过程，则颇为有趣。你也可以尝试这么做：选用某种月季作为亲本，采其成熟果实（即蔷薇果），除去果肉，取出种子，淘洗干净后，去瘪粒，经沙藏或冰箱冷藏，于春季播种，待种子萌发长成幼苗开花后，选其变异株，就能获得新的品种。当然，其亲本必须为非纯合子，就是说其亲本在自然或人为条件下已经与其他不同种类的蔷薇或月季进行过杂交，才能从

Rosa Indica Pumila
Rosier nain du Bengale
P. J. Redouté pinx.
Imprimerie de Remond
Chapuy sculp

其实生苗中选育出新的品种，至少理论上是这样。

由于亲本的遗传背景不同，实生苗中出现的性状分离各异，可能获得的变异亦不尽一致。比如，用月月红的种子播种，其后代可能会出现藤本月季、单瓣月季、半重瓣月季、白花月季、粉红月季等。但如果是采集野外未经杂合的野生蔷薇，如金樱子等，那其实生苗中就不会出现重瓣金樱子之类。蔷薇基因遗传的奇妙之处，就藏在这小小的种子之中。

31

白大马士革蔷薇

Rosa × bifera

开白花的重瓣大马士革蔷薇，除了颜色不同之外，其形态特征与秋大马士革蔷薇几乎别无二致。

现在欧洲的庭院里，以开粉红色重瓣花的秋大马士革蔷薇为主，而白花重瓣类型的大马士革蔷薇已经非常罕见。好在欧洲文艺复兴早中期的绘画巨匠，用他们魔幻般写实的画笔和独到的视角，留住了它400年前的芳容。

玫瑰通过蒸馏可获得玫瑰香水，有效含量高的部分为精油，副产品则为玫瑰露。现在几乎可以确定的是，大马士革蔷薇最初是以名贵玫瑰香水的形式，而非花卉的身份，由阿拉伯帝国进口至欧洲的。它们最早抵达中国的方式也是如此。据史料记载，唐高宗永徽二年（651年），阿拉伯帝国第三任正统哈里发奥斯曼派遣使节抵达长安与唐朝通好，此后双方往来频繁。阿拉伯帝国是由阿拉伯人建立的伊斯兰帝国，极盛时期国土面积超过1400万平方千米，横跨亚非欧三大洲。在两国频繁的交流中，中国的造纸术传入阿拉伯，阿拉伯帝国的玫瑰香水则在中国流传开来，在中国的史书中，它被称作“大食国的玫瑰水”。

中国人自大约1200年前，即盛极一时的唐朝，就已开始流行熏香。传说柳宗元每读韩愈诗前，必先用蔷薇露洗手，然后用香熏衣。柳宗元所使用的蔷薇露，或许为当地蔷薇花上的露水，或是含有蔷薇花的混合香水。熏衣的过程相当烦琐，需要先将衣服铺开在由竹片编成的熏笼上，然后点燃熏笼下方的小火炉，火炉上覆以各种名贵香料。借助这种小火熏蒸散发的味道来为衣服染香的方式，既费料费工，还极不方便。因此，北宋初年当装在圆腹长颈琉璃瓶中的“大食国的玫瑰香水”进入中国后，立刻备受追捧。它可直接喷在衣服上，免去熏衣之烦琐，因此颇得宋人追求雅致生活之心。不仅如此，玫瑰香水还被“贵人多作刷头水之用”，而有此习俗的普通百姓，因玫瑰香水货稀价贵，则多使用桂花制作的“香发木樨油”。

宋代蔡绦在《铁围山丛谈》一书中，还特别说到了大食国蔷薇水的制作工艺：“旧说蔷薇水乃外国采蔷薇花上露水，殆不然，实用白金为甑，采蔷薇花蒸气成水，则屡采屡蒸，积而为香，此所以不败。但异域蔷薇花气馨烈非常，故大食国蔷薇水虽贮琉璃缶中，蜡密封其外，然香犹透彻闻数十步，洒著人衣袂，经十数日不歇也。”

大马士革蔷薇制成的玫瑰水进入中国，路线有两条：一条从波斯等地出发，经陆路沿丝绸之路抵达长安；另一条则经商船从海上而来，沿海港口为泉州等地。

一则有趣的记录是，尽管约瑟芬皇后非常热爱玫瑰，但是她最为钟爱的却是麝香香水。在她去世 60 年后，她的梅尔梅森城堡寝宫里的麝香味道，仍飘逸不散。

老博斯·查尔特（Ambrosius Bosschaert, The Elder）1614年所绘静物画里的白花重瓣大马士革蔷薇。

Rosa Bifera alba
Rosier des quatre Saisons à fleurs blanches
P.J. Redouté pinx.
Imprimerie de Remond
Bessin sculp

32

Rosa Centifolia
CV.

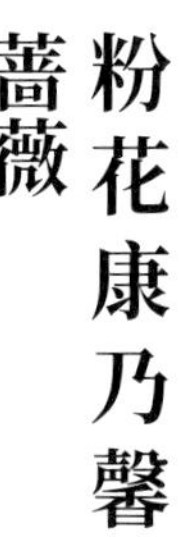

粉花康乃馨蔷薇，因花瓣似康乃馨而得名。花重瓣，莲座状；花径较小，几乎无香味。（此图摄于日本大阪滨寺月季园。）

据记载，历史上百叶蔷薇又曾被称作“普罗旺斯蔷薇”，这让荷兰人无法忍受，他们认为应该称之为“荷兰蔷薇”，但是在古老的文献中，似乎并没有任何关于荷兰人培育了这种蔷薇的说法。百叶蔷薇到底起源于哪里，目前还没有定论，或许在未来很长的时间内也不会有答案。

但毋庸置疑的是，相当长的一段时间里，在花园里种植百叶蔷薇，成为欧洲贵族所追求的一种时尚，这也间接成为百叶蔷薇育种的催化剂。

粉花康乃馨蔷薇乃百叶蔷薇的一个品种，因花瓣似康乃馨而得名。百叶蔷薇的变种或品种甚多，但花瓣畸变成康乃馨形者，实属罕见。其株型呈灌丛状，半藤本；花重瓣，莲座状；花径较小，几乎无香味。夏、秋两季开花，培为树篱，则尤为别致。

与粉花康乃馨蔷薇相类的品种，如今只有荷兰人葛鲁顿第斯特于1921年育出的“粉花葛鲁顿第斯特”（Pink Grootendorst），我谓之“粉花康乃馨蔷薇”。此外，尚有开白花者，即“白花葛鲁顿第斯特”（White Grootendorst）。我在日本大阪滨寺月季园寻访古老月季时，除收获了中国七姊妹的古典类型外，还有一个意外之喜，便是遇到了以上这两个品种。

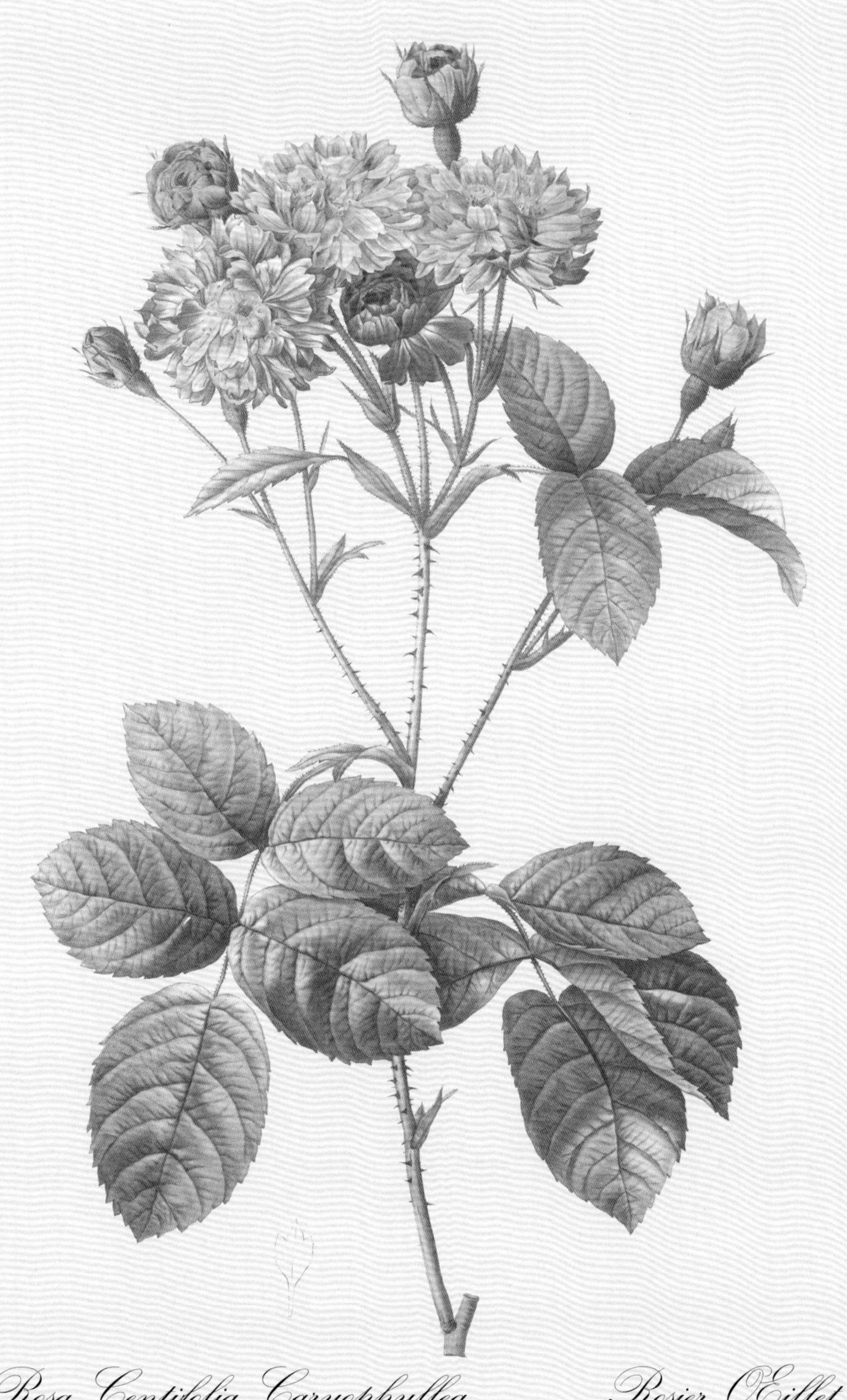
Rosa Centifolia Caryophyllea
Rosier Œillet
P.J. Redouté pinx.
Imprimerie de Remond
Charlin sculp

33

Semi-double White Rose

半重瓣白蔷薇

在西方文化中，再没有任何一种花拥有如玫瑰一般丰富的寓意。普通大众即使对蔷薇属植物了解甚少，也大概会知道红玫瑰代表苦难和真爱，白玫瑰则象征纯洁与忠贞。

在欧洲漫长的中世纪里，蔷薇与宗教有着紧密的联系，在但丁的笔下，天堂是一朵纯洁无瑕的白蔷薇，圣母高高坐在距太阳最近的那朵花上。“……那些永恒的玫瑰花组成的两个花环围绕着我们转动，同样，外面那个花环的动作和歌声与里面的那个花环相协调。”

白蔷薇在欧洲的栽培历史十分悠久，1500年前后已有记录，是一种古老的欧洲蔷薇，曾广为修道院所栽种。在著名画家德郡的画作《雷卡米埃夫人在树林修道院》中，隐居在修道院中以度过余生的雷卡米埃夫人，她的小庭院中就有一株白蔷薇。白蔷薇也有无辜之意，作为当时法国著名的沙龙女主人，雷卡米埃夫人有着谜一般的身世，其中一种说法是，她德高望重的先生其实是她的父亲。她的父亲为了保护自己的财产，因此与女儿维持了一种名义上的婚姻。雷卡米埃夫人几次提出离婚，但终生都未能追求到属于自己的幸福。

白蔷薇容易栽培，且植株强壮，花蕾为粉红色。雷杜德所绘半重瓣白蔷薇，色白，花大，瓣多，有甜香味；萼片有腺体，先端呈尾叶状。与马克西马白蔷薇（*Rosa alba* Maxima）相类。该古老品种为六倍体，一般认为是法国蔷薇和狗蔷薇的杂交种。

Rosa alba flore pleno
Rosier blanc ordinaire
P. J. Redouté pinx.
Imprimerie de Remond
Langlois sculp

34

Rosa majaris

五月蔷薇

五月蔷薇也是桂味蔷薇组中的一种。这种蔷薇的英文名为 May Rose，意为在初夏开花的蔷薇。花径 5 厘米左右，花枝紫褐色，皮刺对生，淡粉色的花朵别致可爱。

它分布于欧洲较寒冷的地区，瑞典、芬兰等地均可见到，常生长于潮湿环境，早在 1600 年前就已被人工栽培。五月蔷薇高达 2 米，植株茁壮呈灌丛状，枝条呈拱形。因枝叶观赏特征明显，所以常被作为庭院景观树种栽培。我以为，雷杜德所绘之五月蔷薇疑为栽培品种，理由是同一植株上，有些花朵的花瓣外缘带有浅白色，其余则为深粉色；而有些花朵花心周边呈“粉白眼”状，花瓣外缘则无明显渐变色。花色变异如此之大，至少在我国境内自然分布的百余种野生蔷薇中，我尚未发现有相类者。

原产于我国四川的全针蔷薇（*Rosa elegantula* ‘persetosa’），被认为是桂味组中最适合用于庭院栽培的野生植物之一，它优雅的小花在细长的花枝间如同闪烁的繁星，非常可爱。1915 年，英国植物学家雷金纳德・勒将在四川野外采得的全针蔷薇种子，寄给了当时英国最重要的一位园艺师 E. A. 鲍尔斯。鲍尔斯悉心播种，在开花的子代中，筛选出一棵奇异的单株，并将其命名为“偶然全针蔷薇”。它的紫粉色花朵十分娇小，金黄色的花心分外醒目，备受园丁们的欢迎。对于那些从事押花艺术工作的人来说，它是唯一能够整朵压制的蔷薇花。

Rosa cinnamomea flore simplici
Rosier de Mai à fleurs simples
P. J. Redouté pinx.
Imprimerie de Remond
Charlin sculp

35

Rosa gallica Versicolor 法国条纹蔷薇

法国条纹蔷薇（French Rose ‘Versicolor’）是法国药剂师蔷薇的芽变品种。据称，它始现于1581年，是西方可谓家喻户晓的古老月季，因其花瓣呈条纹状而闻名于世。英国人还给法国条纹蔷薇起了另外一个名字，叫作“*Rosa mundi*”，现在*Rosa mundi*已成为美国月季遗产基金会定期出版发行的古老月季期刊之名。

其实，“古老月季”这个概念也是相对而言的。国际园艺学会（特别是美国月季协会）将1867年所培育的月季新品种“法兰西”定为现代月季之始，但是像“法兰西”这样的月季早在中国宋代已有多种。结合我国古代月季的实际情况，我认为应将中国的古老月季称为“古代月季”更为准确。因为“法兰西”所拥有的四季开花、具有茶香味等性状特征，均来自中国古老月季。

另外，在月季育种史上，1867年对中国来说显然已经属于近代了。但对有些国家来说却仍很遥远，比如南非，大约在1967年，才引进了现代月季作为这个国家栽培的第一个品种。所以从这个层面来说，古老月季根据时间划分也有它的相对局限性。

为了解决这些问题，世界月季联合会古老月季保存专业委员在斯洛文尼亚专门召开了一次会议，探讨如何重新界定古老月季。当然这毕竟只是一个协会，所以它的规定往往会比较宽泛。

这次会议对古老月季的界定做出了新的规定：首先，蔷薇属里所有的原种，均为古老月季；其次，这些原生种的种间杂交种也属于古老月季，比如我国的粉团蔷薇，它归于古

Rosa Gallica Versicolor
Rosier de France à fleurs panachées
P.J. Redouté pinx.
Imprimerie de Remond
Langlois sculp

老月季的原因是从基因分析来看，它起源于一种野生蔷薇即多花蔷薇，而且始现于千年以前；最后，古老月季还包括了一些发现品种。何谓发现品种？比如在百慕大发现了很多疑似中国月季，因不知道确切名称，于是就被称作“发现月季”（Found Rose）。在这些品种没有被系统地学术归类之前，也可以归为古老月季。还有一种情况，就是在栽培月季品种历史非常短的国家，比如南非，可以根据他们自身的需要，按照园艺学的重要性来界定他们自己的所谓古老月季。因此，关于古老月季的界定，不是一两句话就能够说得清楚的。

法国条纹蔷薇芳香浓郁，观赏价值较高。根据美国历史最为悠久的长岛月季园的记载，该园在1746年已有1600个蔷薇属品种可供销售。时任第一国务卿的托马斯·杰斐逊非常喜欢蔷薇属植物，曾于1791年订购过许多品种，其中就包括法国条纹蔷薇。1799年，即将成为美国第三任总统的托马斯·杰斐逊收到了来自英国的礼物——中国的硕苞蔷薇。硕苞蔷薇迅速适应了美国西南部干旱的自然环境，以至于很快成为当地令人头疼的入侵物种，这是后话。

让·马克·纳蒂埃·玛依巴莱蒂1751年所绘人物肖像画中的条纹蔷薇胸花，虽仅作装饰，但形态特征同样笔墨精到，栩栩如生。

36

Rosa damascena 'Versicolor'

变色大马士革蔷薇

变色大马士革蔷薇始现于1581年，为法国药剂师蔷薇的变种，至今仍有栽培。其显著形态特征为花型不甚规则，花色纯白或纯红，或部分白色部分红色，且其不同花色的花朵经常出现在同一植株上。

在历史上，变色大马士革蔷薇被赋予了特殊意义，因英国历时30年的玫瑰战争而闻名于世。

玫瑰战争是爱德华三世的两支后裔，为争夺王位而引发的一场持续的英格兰内战，最终兰开斯特家族的亨利・都铎击败了约克家族的理查三世，登上王位，建立了都铎王朝。为了进一步巩固自己的王权，亨利七世不仅迎娶了理查的侄女伊丽莎白，还将象征着约克家族的白玫瑰嵌在象征兰开斯特家族的红玫瑰之中，作为都铎王朝的徽章。徽章中的都铎玫瑰就是常被称为"约克和兰开斯特"的变色大马士革蔷薇。

发生在约克郡的托顿战役，是玫瑰战争中规模最大，也是最血腥的一场战斗，双方都伤亡惨重，约有28 000人丧生。据记载，战争结束后，直到20世纪，变色大马士革蔷薇仍在托顿茂盛生长，有人认为这其实是当地被鲜血染红的苏格兰白玫瑰。英国拉文沃思勋爵还为此写下了著名的一首诗，诗中写道："哦，红玫瑰和白玫瑰，在托顿的沼泽地上生长，红白相间/为了纪念屠杀，红色的血像水一样流淌……"19世纪末，托顿的变色大马士革蔷薇开始逐渐减少，当地农民将它当作杂草尽最大努力清除，而本地居民则将其挖出，当作纪念品卖给前来参观古战场的游客。在这片土地上，它最终消亡于20世纪40年代。

变色大马士革蔷薇这种罕见的变色现象，与我国宋代月季名种枫叶芦花极为相像。枫叶芦花属于茶香月季系统，由英国植物学家福琼于1844年前后从中国引入英国，备受欧洲园丁的青睐。它在西方有多个名字，在百慕大被称为"福琼五色月季"（Fortune's Five Coloured Rose），在法国则称被为"史密斯教区"（Smith's Parish）。虽然名字中有"五色"两字，但它其实仅有红、白两种颜色。不过也正是因为这两种颜色奇妙地交错于花瓣之间，使其终成世界神秘月季名种。

据记载，英国植物猎人福琼是在中国宁波寻找重瓣黄色月季时，在一处私家花园里发现这种珍稀月季的。可惜，名字如此风雅的枫叶芦花，我虽已寻它三十年，但至今仍未在国内发现它的踪迹。2011 年 10 月，我应邀去美国进行学术访问，采石山植物园（Quarrghill Botanical Garden）园长比尔・马可拉马克驱车带我前往一座名叫格伦艾伦的古镇用餐。在一个墙角，猝然之间，我竟与一丛独自盛开的枫叶芦花邂逅，那一刻，惊喜、慨叹、怅惘，五味杂陈。

Rosa damascena 'Versicolor' / 变色大马士革蔷薇 /

37

Rosa centifolia CV.

芹叶百叶蔷薇

这种蔷薇是百叶蔷薇类的一个栽培种，因其小叶畸变成芹叶状，故称之为“芹叶百叶蔷薇”（Celery-leaved variety of cabbage rose）。在《中国植物志》蔷薇属条目里，它被译为“茴芹叶蔷薇”，拉丁名为 *Rosa spinosissima*。

说到茴芹叶植物，就避不开茴芹属（*Pimpinella* L.），它隶属于伞形科，其植物叶片的主要特征，有单叶，有复叶，也有三出式分裂或一至二回羽状分裂。雷杜德所描绘的芹叶百叶蔷薇，显然是把该蔷薇小叶的多裂成簇这一形态分类学特征，当成了茴芹属植物在羽状分裂上的相似性。

其实，真正的茴芹叶蔷薇其小叶并无分裂，且蔷薇果变异较大，变种也多。据文献记载，邓迪附近的茴芹叶蔷薇种质实际成熟时呈黑色，其果型和颜色，与我国北方常见的黄刺玫相类。茴芹叶蔷薇在英国尤为多见，在苏格兰第四大城市邓迪附近有一个英国国有茴芹叶蔷薇品种种质库，收集保存了从 1790 年到 1830 年人们选育出的茴芹叶蔷薇种类，其中变种就有 44 个。一种原生种竟然拥有如此多的变种，说明其基因型非常不稳定，杂交亲和性往往也较强。因此，一旦遇到百叶蔷薇，人工与自然杂交的概率就非常大，其杂交后代出现叶片如此另类的芹叶百叶蔷薇，也就不足为怪了。

需要说明的是，茴芹叶蔷薇原先的名字叫 *Rosa pimpinellifolia*，这个种加词直接来自茴芹属，也表明了它们之间的关联。

Rosa Centifolia Bipinnata
Rosier à feuilles de Céleri
P. J. Redouté pinx.
Imprimerie de Rémond
Langlois sculp

38

Rosa sempervirens

常绿蔷薇

我们现在所知的、第一位留下与蔷薇有关的诗句的作者，是生于公元前620年的希腊女诗人莎孚。她在送给一位即将离别的朋友的诗中写道：“……我们拥有过的所有可爱而美丽的时光 / 所有用紫罗兰和蔷薇编织的花环……”

有蔷薇属植物专家认为，莎孚诗中所提及的蔷薇花环，应是由当时广泛分布于地中海地区的常绿蔷薇编织而成的。常绿蔷薇枝条较为柔韧，且皮刺稀少，富有光泽的小叶映衬着洁白的花朵，有种清新脱俗的气质。

常绿蔷薇（Evergreen Rose）属合柱组，栽培历史悠久，数朵簇拥而成的花序，散发着淡淡的香气。它名中虽有“常绿”二字，但其实相当不耐寒。不同地区的常绿蔷薇形态也存在明显差异，这是因为常绿蔷薇属于易杂交类型，很容易与分布范围内的其他蔷薇属植物杂合。

也有专家提出，常绿蔷薇的习性会随着立地不同而有所变化。比如，“在某些岛屿，它长得十分低矮；而在开阔的大陆，则会长成大型灌木，甚至攀爬在其他植物之上延伸至5米，长成攀缘植物”。

Rosa Semper-Virens globosa
Rosier grimpant à fruits globuleux
P. J. Redouté pinx.
Imprimerie de Remond
Chapuy sculp

39

Variety of Fairy Rose

单瓣微型月季

雷杜德笔下的单瓣微型月季，叶片细小，托叶呈明显的宝瓶状，花枝瘦弱，花梗细长，萼筒长圆形，萼片稀分裂，五个花瓣呈五角星状，花瓣基部尚有不太明显的白色晕圈，加之数枚发黄的叶片，整个就是中国月月红的微缩版，惟妙惟肖。

单瓣微型月季是中国微型月季（*Rosa chinensis* var. *minima*）的一个类型，也有人推断其为“小仙女”的一个变种。我在国内外寻访月季已久，但至今尚未发现单瓣微型月季。这其中，或许蕴藏着许多不为人知的偶然性和必然性。可能的原因之一，我认为是国人自古以来偏爱重瓣花卉，不断追求花瓣数量趋多而使花型臻于完美的审美习惯，这也是中国古代园丁创造出重瓣大花月季的原生动力之一。

中国微型月季也被称为“劳伦斯蔷薇”，在引入欧洲后备受欢迎。它是现代微型月季的祖先。欧洲培育微型月季则始于20世纪初期。近年来，微型月季品种逐渐增多，并不断推出微型盆栽月季大花重瓣系列，逐渐成为年宵花的宠儿。究其原因，有人认为是因为私家花园越来越小、越来越少，微型月季与微型地被月季正逢其所，地栽和盆栽两便，扦插繁殖简单易行，也更适合集约化工厂化生产。目前国内的年宵花中，微型盆栽月季所占份额也越来越多。相较于切花月季，微型盆栽月季来得更加随性，枝叶自然，花繁色纯，观赏时间更长，也更易于装点家居。

Rosa Indica Pumila
(flore simplici)
Petit Rosier du Bengale
(à fleurs simples)
P.J. Redouté pinx.
Imprimerie de Remond
Chapuy sculp

40

Rosa × Francofurtuana

鼻甲蔷薇

丽江石鼓镇曾经的大花粉红香水月季。

鼻甲蔷薇，亦名法兰克福蔷薇，其花萼至萼筒末端逐渐收缩，向花梗延伸，呈鼻甲状，此形态特征非常明显，极易识别。

关于鼻甲蔷薇的故事扑朔迷离，有人说它可能是查尔斯·德·莱克吕斯于1583年在德国法兰克福发现的；也有人说它是在德国萨克森州偶然发现的一个杂交种；还有一种说法，说它是由法国早期育种家圣克劳德于1815年培育而成的。著名蔷薇属植物专家芮德等人还将其命名为*Rosa orbessanea* Red. et Thory。

据记载，鼻甲蔷薇株型直立，株高约1米以下，分枝较多，枝有皮刺，小叶5～9枚；花浅粉，有粉晕，花径5～6厘米，半重瓣至重瓣，单朵或数朵着生，微香，萼片叶状，不分裂。据称，在湿度较高的天气，其花易开成球状，与中国古老月季玉玲珑相类。

我寻访欧洲月季名园不在少数，可惜均未见其踪影。多方搜其图像，亦未见其有二。据此推测，鼻甲蔷薇恐已绝迹。欧洲如此，中国亦然。许多古老蔷薇和古老月季，都

Rosa Orbessanea
Rosier d'Orbessan
P. J. Redouté pinx.
Imprimerie de Rémond
Lemaire sculp.

曾与我们的先辈结伴而行，但现大多已消失在历史的无尽长河之中。物竞天择，适者生存，这是物种生存与进化的自然演化规律。但是，现今社会对人与自然和谐共生这条自然法则的漠视，加剧了古老月季的消亡。我从事蔷薇属物种资源野外调查工作始于 1983 年，近 30 年来目睹了我国不少珍稀蔷薇及古老月季种质资源从随处可见到濒临消失的过程。以大花粉红香水月季（*Rosa odorata* var. *erubescens*）为例，此花株型高大，花大叶茂，香味浓郁，适应性极强，我一直将其视作丽江古镇山水风情的一张名片，但现在其老树已极为罕见，就连大苗也难得一见了。

尤其是在丽江的石鼓镇，遥想当年，正是那株被当地人叫作“莺歌花”的大花香水月季引起了我的好奇。它那攀爬近 20 米高的葳蕤藤蔓，还有那花径超过 10 厘米的硕大花朵，以及那鲜艳如绢的粉红色，开启了我毕生与中国月季为伍的科研生涯。然而，当我前年再访石鼓镇时，红军飞渡长江第一大拐弯的巨型雕塑尤在，江里的细鳞鱼尚鲜，但村头那棵大树，以及缠绕大树而生的大花粉红香水月季，却早已成了昨日的传奇，令人不胜动容。

41 ～ 59

THE BIBLE OF
ROSES

Interpretation

41

Rosa chinensis var. *longifolia*

柳叶月季

窄叶藤本月月粉。（此图摄于常州紫荆公园月季园，为本人早先设计并营造的中国古老月季大型景观组景之一。）

柳叶月季（China Rose ‘Longifolia’），花半重瓣，花瓣细长，常见少数几个短小的内瓣围在花蕊周围。小叶窄而长，犹如柳叶，故谓之“柳叶月季”。

中国古代月月红、月月粉名种中，窄叶品种亦不在少数，如本人发现并命名的窄叶藤本月月粉（Narrow-leaved Old Blush）就是其中之佼佼者。它流散于云南昆明周边，一季开花，因与月月粉相近，但小叶狭长，故命名为“窄叶藤本月月粉”。其株型为大型藤本，重瓣浅粉，花径可达10厘米，生长较快，适应能力很强，乃庭院廊道之理想攀缘藤本月季。花开之时，繁花似锦，灿若云霞。

中国月季可谓因庭院而生，古代园林的兴起，开辟了观赏植物人工定向选育的路径，加之园丁的职业化，使得栽培技术得到了空前提高。月季庭院栽培历史非常悠久，自古以来，无月季而不成嘉园。北宋著名政治家、文学家司马光退隐洛阳后所修建的私家园林——独乐园，园子虽不大，但荼蘼架却不能少。明末清初著名文学家李渔更喜蔷薇、玫瑰和月季，他在《闲情偶寄》中称蔷薇乃结屏花卉之首；而月季则为“缀屏之花，此为第一。所苦者树不能

P. J. Redouté pinx.　　Imprimerie de Rémond　　Charlin sculp.

高，故此花一名‘瘦客’”。

藤本月季为造园必备之物，也是造景最为理想的多维景观植物。特别是在设计较大的空间时，大型藤本月季可谓雅园的灵魂之一。其庭院应用与景观营造，常州紫荆公园月季园应是继深圳人民公园之后一个不可多得的例证。每当花开之日，必为赏者接踵流连之时，就连北京、上海的外地访客也络绎不绝。国外慕名来访者，亦不在少数。

深圳人民公园为我国第一个世界月季名园。作为由世界各国月季协会组成的国际性非营利组织，世界月季联合会（World Federation of Rose Societies, WFRS）于1995年开始评选世界月季名园，此评选活动每3年举办一次。目前，世界上规模最大的月季名园为德国桑格豪森月季园，占地面积约125 000平方米，拥有6300多个品种，亦是蔷薇属植物种质资源保存库之一，侧重收集栽植月季品种，研究价值颇高。

常州紫荆公园月季园的独到之处，在于其中国月季演化长廊。世界月季联合会前主席、南非资深月季专家西娜，曾在申报世界月季名园专家现场查定时不无动情地说：“世界上优秀的月季园并不少见，但像常州这样用中国特有的古老藤本月季名种做成场景，来编织与诠释月季演化的故事，形象而真切，这在国际上是绝无仅有的。”

42

Rosa chinensis 'Multipetala'

猩红月月红

月月红还有一个别名——“断续花”，命名者为明末清初的文学家、戏剧家李渔。无论是归隐故乡如皋所建的伊园，还是后来迁居杭州的武林小筑，或是南京的芥子园，他都喜欢在庭院中种植蔷薇、月季，并颇有独到见解。“人无千日好，花难四季红。四季能红者，现有此花，是欲矫俗言之失也。花能矫俗言之失，何人情反听其验乎？缀屏之花，此为第一。”这是他在《闲情偶寄》一书中，对月月红发出的感叹。

欧洲人眼中的月月红，其实就是我们俗称的“月月粉”。国内早期的书籍大多将 *Rosa chinensis semperflorens*（紫花月季）和 Slater's Crimson China（斯氏猩红月季）翻译为“月月红”。我研究其标本和西方早期的植物绘画，方知其与月月红还是有不小的差别。

至于月月粉与月月红的关系，说起来确实有些复杂。这两者虽同属四季开花的中国古老月季，但其起源有所不同。月月粉，其典型形态特征是花瓣表面有褶皱纹，但又不像成都随处可见的木芙蓉那样，花瓣上有明显凸起的纹路，倒有点像是和田玉石上常见的水线纹。我根据月月红和月月粉可考据之形态特征，将其分为“月月粉类”和“月月红类”两个类群。月月粉类里还有许多名种，如我发现并命名的微型月月粉、藤本月月粉、窄叶藤本月月粉等；而月月红类的品种更多一些，我至今已在国内外发现并命名的月月红类品种已有 20 余种，如大叶月月红、小叶月月红、大叶藤本月月红等，均为上上品。

真正的月月红进入西方庭院，似乎还只是不久以前的事情。前国际月季联合会主席海格女士，因职务之便，加之对中国古老月季的偏爱，无数次行走于欧洲庭院，她对月月粉的理解更是具象而深刻。但是有一次她来南京寻访月季时，居然被我种在南京林业大学小苗圃的月月红惊艳到了。尽管南京与她种满橄榄树的老家相隔万水千山，但她还是坚持让我挖了几株，心满意足地带了回去。由此可见，月月红对于现在的欧洲人而言有多么新奇。

雷杜德笔下的此种月月红，虽然根据拉丁名被命名为“多瓣月月红”，实际上其尚属中型花类，但因其花瓣深红色，故在此译为“猩红月月红”。其起源不甚明了，我推测为月月红类之变种，多半为其实生苗之后代。

Rosa Indica
La Bengale bichonne
P. J. Redouté pinx.
Imprimerie de Remond
Langlois sculp.

43

Rosa carina var. *lutetiana*

针叶狗蔷薇

德国希尔德斯海姆的天主教堂里有一株“千年狗蔷薇”，至今已有700多年的历史，被认为是有记载以来世界上现存最古老的蔷薇。它曾在1945年毁于反法西斯同盟军的轰炸，得益于当地居民的悉心照料，两个半月后，又倔强地从瓦砾堆中抽出了新梢，茁壮至今。

雷杜德所绘针叶狗蔷薇，与单瓣微型月季有异曲同工之妙，是蔷薇属植物中极为珍稀的种质资源，也是培育现代微型月季可利用的亲本材料。

就其形态特征而言，针叶狗蔷薇可谓小一号的狗蔷薇，为狗蔷薇的一个变种，株型半藤本，叶片细小，花瓣初开时略带粉色，盛开时则为白色，是小庭院绿篱、树篱等可造之物。

虽然20世纪初，玫瑰在主流药物学中基本已无足轻重，但据记载，二战期间欧洲人为了保证儿童能够摄取足够多的维生素C，会用蔷薇果来制作蔷薇果糖浆。20世纪40年代，德国桑格豪森月季园曾进行过一系列有关蔷薇果维生素C含量的实验，长期不受待见的狗蔷薇，却因其果实富含大量维生素C而受到重视。

因果实而备受青睐的蔷薇属植物，还有中国的西北蔷薇（*Rose.davidii*）。它的蔷薇果颜色非常鲜艳，沿长长的果柄向下垂吊着。西北蔷薇是法国传教士佩尔·阿曼德·大卫于1869年发现的。他当时正在北京传教，后参加了一场去四川和西藏搜寻新奇植物的探险，这种蔷薇便是在探险途中发现的。

玫瑰的蔷薇果，其形状似小番茄，据说是维生素C含量最丰富的果实之一。日本人还习惯将蔷薇果比作茄子或梨子，这也是日本玫瑰别名“滨梨”“滨茄”的由来。

以我个人多年的经验来说，若偶遇风寒小恙，维生素含量高于苹果数百倍的蔷薇干果，实为舒缓之良饮。用开水泡上一杯，温热而下，通鼻塞，出个汗，有利于自然恢复。

Rosa aciphylla
Rosier cuspidé
P. J. Redouté pinx.
Imprimerie de Remond
Chapuy sculp

44

Rosa banksiae 'Alba Pleana'

无刺重瓣紫心白木香

无刺重瓣紫心白木香，花瓣纯白，花萼带有红晕，花开之时，满园幽香。

名园必备之名物。自唐代以来，木香一直是中国传统庭院里的藤本名花。苏州拙政园内的一白一黄两株木香，树龄均为100多年。黄者为无刺重瓣青心黄木香，白者则为无刺重瓣紫心白木香，位于西园倒影楼东院，枝叶披离，花序为伞骨状，花开之时胜似晴雪，香郁数里，引人入胜。

作为月季、玫瑰和蔷薇中极为优雅的藤蔓植物，木香原产于我国，在四川、云南等地的山区均有自然分布，以皮刺呈钩状的单瓣紫心白花木香最为多见。我经过长期调查与种质收集，发现木香的野生种类远超前人所载。野生类型中既有有刺的，也有无刺的；既有单瓣的，也有重瓣的；既有青心的，也有淡黄的。仅在四川和云南两省，所发现的蔷薇亚属木香类种与变种就达20余种，均可通过形态特征加以区分。

木香小枝柔长，叶似竹叶，皮刺稀疏，春风吹荡，宛如垂柳，是最适合中国庭院的一种藤本植物，颇得文人喜爱。有趣的是，作为传统庭院观赏藤本植物的白木香，并非直接引自其野生种，而是经人工选育而成

Rosa banksiae 'Alba Pleana' / 无刺重瓣紫心白木香 /

荼蘼，一架幽芳，露叶檀心，香郁清绝，乃宋代文化符号之一。

的无刺重瓣白木香。1000 多年前，居于成都的五代著名画家黄居寀就曾为它神笔丹青，可见那时成都已有园艺品种栽培。至宋代花卉渐成产业时，杭州市面上售卖的鲜切花中，除了牡丹、芍药等，已有木香的踪影，其中尤以檀心花（雌蕊为紫色的花）为贵，一花胜千金。

无刺重瓣紫心白木香是目前国内外栽种最广的一种木香，它花瓣纯白，花萼带有红晕，花开之时，满园幽香。据记载，1807 年在英国邱园工作的威廉·考尔以 *Rosa banksiae alba* 之名，将它从广州引入英国。

世界上现存最大的一株木香是美国亚利桑那州的“旅馆木香”，它是由一位矿工的妻子从英格兰采其母株枝条带到美国的，至今已有 130 多岁。它树高近 3 米，树冠直径达 12 米，覆盖面积 80 余平方米，需以 68 根钢管做成的长方形支架作为支撑。每到春天，数百万计的白色花朵怒放枝头，非常壮观，是当地一处非常知名的景点。

宋代为我国月季的巅峰时期。宋人崇尚自然清雅之美，唯月季至上。宋时月季名种之多远过百余，其中最为宋人痴迷的便是荼蘼。荼蘼在宋代为民间禁花，普通百姓不可种植。它花朵硕大，常常独朵而开，犹如一个洁白的雪球，一品三叶，独占清绝。在宋代张翊所著《花经》中，荼蘼与兰、梅、牡丹并列位居榜首，可谓中国古代藤本月季之精华。所以，每到荼蘼盛开时，赏荼蘼花、饮荼蘼酒、吃荼蘼宴就成为当时的风尚。所以，荼蘼又有“宋代文化符号”之称。

令人激动的是，经过长期追踪，本团队最终通过基因序列测定与分析的方法，锁定了荼蘼 1000 年前的亲本，确认其父本为金樱子，重瓣紫心白木香为母本，经远缘杂交而成，一举解开了关于它出身的千古之谜。

45

Rosa centifolia CV.

百叶蔷薇品种

1533 年，来自佛罗伦萨美第奇家族的凯瑟琳·德·美第奇和法国国王亨利二世举行了盛大婚礼。她的到来，不仅在法国上流社会掀起了香水的时尚热潮，而且也改变了一个小镇格拉斯的命运。17 世纪，这里的香水产业开始蓬勃发展。到了巴洛克时期，全欧洲的贵族都知道，购买最好的香水要到法国格拉斯，这个因香水工艺和香水贸易而闻名的法国城镇，至今仍享有“世界香水之都”的美名。

格拉斯位于普罗旺斯地区，最初以皮革业和手套加工而闻名。因为皮革气味难以消散，格拉斯的皮匠便开始学习东方香料除臭的方法，那时他们往往要从佛罗伦萨购买香料。跟随凯瑟琳一起来到法国的调香师在为其调制香水的过程中，发现格拉斯有着得天独厚的地理环境和气候条件，非常适合种植花卉，此后格拉斯便开始大规模精心培育品种繁复的花卉，用以提取香精。到 18 世纪，格拉斯已成为世界上规模最大的香料植物种植及天然精油提取中心。

百叶蔷薇，就其形态特征而言，因为相近者较多，往往很难确定到底是哪一种。但是它们的香味清澈而甜美，带有淡淡的蜂蜜气息，一直是格拉斯传统手工调香的重要原料。每年花开时节，全世界的调香师都会从各地蜂拥而至。

现在，尽管格拉斯的香水公司在全球如印度、摩洛哥、埃及等地拥有或经营着成千上万顷的花田，但是当地所种植的百叶蔷薇一直是香奈儿、迪奥和娇兰等法国著名时尚品牌制作香水的重要原料。香奈儿在格拉斯拥有自己专属的香奈儿 5 号香水花田，距今已有 30 多年的历史。

雷杜德所绘的这种百叶蔷薇颇有些特点：首先，其皮刺和毛刺共存，与我国野生原种玫瑰相似，但其毛刺尖锐，木质化程度较高，远离了毛刺软而有刺感的特征；其次，托叶大部分与叶柄合生，分离部分两侧规则，但密被腺毛。腺毛与刺毛不同，刺毛即毛状刺，而腺毛是由腺体分化而来，其先端往往有腺点，手指触碰时有黏稠之感。苔蔷薇之腺毛，还具有浓烈的香气，用手触之，则手留余香；再次，花梗细长，花梗、萼筒、萼片上均被腺毛；最后，萼片先端延伸成小叶状，且有羽毛状裂片。由此可知，仅从其形态特征而言，这种百叶蔷薇的确相貌不凡，堪称名种。

Rosa centifolia foliacea
Rosier à cent feuilles foliacé
P.J. Redouté pinx.
Imprimerie de Remond
Langlois sculp

46

Rosa blanda

条纹无刺蔷薇

紫眼滇边蔷薇，发现于云南迪庆白马雪山周边，其花瓣基部如同紫色眼圈，与条纹无刺蔷薇有异曲同工之妙。

布兰达蔷薇的名称源于拉丁文blandus，意为讨人喜爱的美丽花朵。此种条纹无刺蔷薇，为布兰达蔷薇的变种或类型。作为一种草原蔷薇，条纹无刺蔷薇原产于北美洲，如加拿大的魁北克省、安大略省，以及美国的堪萨斯、密苏里和俄亥俄等州均有分布。

条纹无刺蔷薇多生长在山坡、路边、沙质或岩石等处的干燥土壤中。因其枝干皮薄而光滑，且近乎无刺，亦可谓之“光皮蔷薇”，英文俗称为Smooth Rose。

此变种花朵单瓣，大多单朵着生，花瓣粉色，近基部为白色，五瓣围合在一起，与我国新疆的单叶黄蔷薇花心之“红眼”，以及滇边蔷薇（*Rosa forrestiana*）变种之“紫眼”，有异曲同工之妙。若你想育出花心白色之妙品，则此为杂交育种必备之亲本。此外，粉色花瓣上有不规则的棕色条纹，时隐时现，时断时续，甚为奇特，观赏性极高。至于果实，则呈细珠状，着生在细长而光滑的花梗上，与小叶粗而深的锯齿形成鲜明对比。

Rosa Alpina flore variegato
Rosier des Alpes à fleurs panachées
P.J. Redouté pinx.
Imprimerie de Remond
Chapuy sculp

47

Rosa agrestis var. *sepium*

草地蔷薇变种

此种草地蔷薇主蔓明显，每个节间均有花枝，属小型藤本，应为草地蔷薇的一个变种，定名于1798年前后。

草地蔷薇（Grassland Rose）广泛分布于欧洲西南部和大不列颠岛部分地区，以及突尼斯至摩洛哥的北非地区。它株高可达3米，株型开张，分枝较多，为株型杂乱的多刺蔷薇，所以它的名字又有“粗野”之意。

它的花瓣为白色至浅粉色，花径很小，多数单朵着生，一季开花；叶片较小，浅绿色，半光泽，有香味。因其植株健壮，且蔷薇果在秋冬季有不错的装饰性，故而多用于庭院栽培。

草地蔷薇适合在空旷无垠的草地上生长，当有一种天苍苍、野茫茫、风吹草低见蔷薇的地老天荒之境，犹如新疆喀纳斯湖周边山区草甸上的密刺蔷薇，娇小的枝干与花叶，与草甸上的植被融为一体，互为其景。

Rosa sepium rosea
Rosier des hayes à fleurs roses
P.J. Redouté pinx.
Imprimerie de Remond
Lemaire sculp

48

Rosa gallica var. *pumila*

法国樱草蔷薇

目前，法国蔷薇尚存约 300 个古老品种或类型，它的全盛时期是 18 世纪。据记载，当时法国蔷薇因多被用作栽培与育种材料，故而数量激增，据称约有上千个品种，毫无疑问，它们在当时的欧洲花园里大放异彩。

法国蔷薇非常适合庭院栽培，且杂交亲和性很强。荷兰作为 17 世纪的观赏植物栽培中心，当地的栽培者针对法国蔷薇这一特点，利用它进行了许多育种实验。但真正让其品种呈爆炸式增长的，是“比其他任何国家的人都更有好奇心”的法国人。法国苗圃主作为花卉栽培者，其与生俱来的竞争天性为这样的发展提供了动力。他们学习并推广蔷薇属植物的栽培和培育技术，最终使得法国成为 18 世纪的月季栽培中心。

命名于 1789 年的法国樱草蔷薇（Creeping French Rose），是法国蔷薇的变种之一。作为矮生变种，它株高只有 30 厘米左右。花粉色，有紫粉晕，背面色彩较为明亮。花径约 5 厘米，芳香度中等，多数单朵着生。皮刺弯曲，株型开张，根部萌蘖较多，叶片暗绿色，一季开花。

Rosa Pumila
Rosier d'Amour
P. J. Redouté pinx.
Imprimerie de Remond
Bessin sculp

49

Rosa centifolia CV.

粗齿百叶蔷薇

粗齿百叶蔷薇（Variety of Cabbage Rose）是众多百叶蔷薇里的一个栽培品种，因其小叶锯齿粗大，故而名之。此外，其种叶脉深陷，枝干既有小皮刺，又有小毛刺，花梗密被腺毛。此种百叶蔷薇，就其形态特征而言，与之相近者众多，实难确定到底是哪一种。

在历史上，百叶蔷薇有一个非常形象的别名叫作“画家蔷薇”，这是因为它常常成为画家所描绘的对象。它是17世纪荷兰和比利时花卉绘画大师创作时首选的重瓣栽培蔷薇，也是英国人物画家所绘肖像画中常见之物，多将其作为女性高贵与美丽的象征。

现在，当你走进欧洲各地大大小小的博物馆时，如果稍微留意一下那里的藏品，特别是17世纪的静物油画，很容易在其中发现百叶蔷薇的绰约风姿。尤其是荷兰人和比利时人长期以来形成的对花卉的热爱以及对描绘客观世界的执着，令他们对百叶蔷薇情有独钟，常常将其插入花瓶，用画笔将其塑造成美丽的永恒。即便到了今天，那纤毫毕现的花叶，依然鲜活动人。

英国国家美术馆所藏的荷兰绘画巨匠鲍鲁斯·西奥多·范·布鲁希尔（Paulus Theodorus van Brussel）的这幅花卉静物油画，画于1789年。画面中的百叶蔷薇，伴随着怒放的芍药，其写实之精准，色调之真实，花朵的立体感，远非当今高清数码相机所能及，用纤毫毕现、栩栩如生来形容，也并不为过。

荷兰绘画巨匠鲍鲁斯·西奥多·范·布鲁希尔笔下的百叶蔷薇。

Rosa Centifolia crenata   Rosier Centfeuilles à folioles crenélées

P. J. Redouté pinx.   Imprimerie de Remond   Chapuy sculp.

50

Rosa multiflora var. Seven Sisters

七姊妹

流散在日本的中国古代名种“七姊妹”（日本大阪滨寺月季园）。

“七姊妹”（Pink Double Multiflora）至少在1000年前就已经出现了，是中国多花蔷薇（*Rosa multiflora*）的一个古代栽培品种。它花香较为浓烈，常有5～16朵花，花瓣从深粉至粉红，渐成浅粉，甚至奶白色，属于粉团蔷薇类。依据古代文献记述，粉团蔷薇中，一蓓七蕾者为“七姊妹”；而一蓓十蕾者，则为“十姊妹”。一蓓即一个花序，其上的花蕾数量决定了花的名称。

明末清初雅玩大家李渔极喜此花，他认为“七姊妹”和“十姊妹”应统称为“姊妹花”，故而喜欢将其种在一起，名曰“十七姊妹”。但如果你的小院也要这么种，那就得当心了，因为李渔曾在《闲情偶寄》中不无苦恼地感叹道：“其蔓太甚，溢出屏外，虽曰刈月除，其势有不可遏。”

据英国蔷薇栽培专家彼得·哈克尼斯（Peter Harkness）的著作《蔷薇秘事》中记载，中国的“十姊妹”是由一位在东京担任工程学教授的英国人在日本发现的。他于1878年将此玫瑰寄给一位苏格兰的朋友，后者又将其传给了一位林肯郡的种苗商，以“工程师蔷薇”之名进

Rosa multiflora var. Seven Sisters / 七姊妹 /

行展览，并获得了英国皇家园艺学会颁发的优胜奖。后来，它以“特纳深红蔓性月季”作为商品名被出售，据说维多利亚女王还曾专程前往苗圃一睹其芳容。

不同地区的“七姊妹”在形态特征上也有所不同。我在日本寻访流传至日本的中国古老月季时，在大阪郊外的滨寺月季园里发现了一种“七姊妹”，与国内多见的“七姊妹”也不尽相同。这说明，多花蔷薇在中国的栽培历史极为久远，从单瓣演化成重瓣，再从重瓣中嬗变出数个粉团蔷薇品种或类型，导致其叶形、花色、花型、花朵大小、香味等均有所区别。

“七姊妹”的花期似乎也是经过精心挑选的。每年4月下旬至5月上旬，虽一季开花，但花发成簇，粉团成墙，或绿篱，或缀屏，累坏蜂蝶无数。我国南北气候差异较大，花无定时，但此花信大致迟于月月红和木香类，而略早于现代月季。在江南，“七姊妹”花开于小麦成熟之时，所以古时吴地又称其为“小麦红”。

51

Rosa multiflora var. *cathayensis*

粉团蔷薇

重瓣粉团蔷薇。粉团蔷薇类均为野生多花蔷薇的变种，气味香甜。

小桥流水人家，一株粉团蔷薇过墙来，花开锦簇，空气中顿时荡漾着香甜的气味。每当此时，身穿一身青花蜡染粗布衣服的江南女子，总好摘几朵花插于发髻之间。这就是我记忆中的江南春景。

粉团蔷薇类均为野生多花蔷薇的变种，气味香甜。多花蔷薇在我国分布极广，遍布二十多个省市。加之栽培历史非常悠久，故变种或类型尤多。

粉团原是古时的一种糕点，用糯米制成，外裹芝麻，好似现今的麻团。这可能是粉团蔷薇名字的由来。经过我多年的实地调查发现，粉团蔷薇既有单瓣，又有重瓣；既有有刺，又有无刺；既有粉色，又有紫红色；既有无香，又有浓香；既有小花，又有大花。究其变种或其类型，多达几十种，位居中国野生蔷薇类易变与多变之首。因此我将其归为粉团蔷薇类，以示与其他蔷薇类之区别。

粉团蔷薇类中以粉团蔷薇、白玉堂、五色粉团、紫红粉团等名气最大，分布最广。它们都是多花蔷薇

无刺重瓣粉团蔷薇（*Rosa multiflora cathayensis* 'Thornless'）。

在长期人工栽培条件下产生变异后，再经人工选择与重复繁殖所形成的性状稳定的园艺栽培品种，其中白玉堂花为白色，又名“白花粉团”，因常植于堂前而得名。此花抗寒性较强，寓意吉祥，北方地区尤为多见；五色粉团则失传已久，只散见于中国与日本的古籍之中。据日本明治十七年（1884 年）绘成的《两羽博物志》彩色图谱记载，五色粉团有紫、红、白三色，而红又分为深红和淡红。我所见粉团蔷薇无数，南京也有粉团花序中偶见白花者，但同一花序上能集满五色者，实属罕见，尤感中国古代园丁匠心之高妙。

大花粉团蔷薇（*Rosa multiflora cathayensis* 'Big Bloom'）。

我国有关粉团蔷薇最早的文献记录始现于唐代。而粉团蔷薇的标本，则由莱德（A.Rehder）和威尔逊（E. H. Wilson）于 1907 年命名，但雷杜德这幅粉团蔷薇绘于 1820 年，很显然，早在定名之前，粉团蔷薇就已经在欧洲生根开花了。

Rosa Multiflora platyphylla
Rosier Multiflore à grandes feuilles
P. J. Redouté pinx.
Imprimerie de Remond
Langlois sculp

52

Rosa carolina 'Plena'

重瓣卡罗来纳蔷薇

雷杜德将重瓣卡罗来纳蔷薇（Double Pasture Rose）描绘得惟妙惟肖。首先是皮刺直立如钉子，且多成对分布于托叶处；其次是花型，花虽小而花瓣宽长，花型优雅，与中国的月月粉相类；再就是叶片，叶面光滑，而叶背具柔毛，叶色呈暗绿色。

这种蔷薇为卡罗来纳蔷薇的重瓣栽培品种。花瓣易从粉色变至白色，花径很小，但瓣数较多，花蕾颀长，颇有豪华美感。特别是其花蕾密被腺毛，辨识度颇高，观赏价值也极高。

作为一种生命力极为顽强的蔷薇，卡罗来纳蔷薇现在几乎在美国各州、加拿大多地都可以见到。从树林到灌木丛，从草原到沼泽，都有它的身影。它的抗旱能力非常强，并能在偶然突发的野火中迅速恢复。通常花只开一天，一个群体的开花期会超过几个星期，其花朵带有一种令人愉快的玫瑰香气。

Rosa parvi-flora
Rosier à petites fleurs
P. J. Redouté pinx.
Imprimerie de Remond
Langlois sculp.

53

Rosa rubiginosa ‘Semi-plena’

重瓣绣红蔷薇

在19世纪法国著名女作家乔治・桑看来，热爱植物并不是一种微不足道的消遣，而是对天地万物的深入理解，是另一种观察自然的方法——在植物奇妙的构造中寻找意义，而不仅仅是凝视或欣赏。在继承祖母的诺昂庄园后，她搬离巴黎市区长居诺昂，直到去世。在诺昂的日子也是肖邦人生中最为美好的时光，他和乔治・桑在这里共同生活了七年，尽管他抱怨自己并不适合乡村生活，但是他的大部分重要作品都是在诺昂完成的。

乔治・桑尤为热爱玫瑰。在诺昂，她亲自照料自己的玫瑰园。她在作品《在庭院里》列举了数种令她记忆深刻的蔷薇，其中就包括绣红蔷薇："五月蔷薇、麝香蔷薇，还有绣红蔷薇，也被称作'香叶蔷薇'，它是最娇艳的蔷薇之一。"

重瓣绣红蔷薇是绣红蔷薇（*Rosa rubiginosa*）的变种。据英国植物学家约翰・杰拉德在《本草要义》中的记载，此变种始现于1597年前后。重瓣绣红蔷薇花色粉红，带浅紫色晕，花有15瓣，一季开花。

绣红蔷薇原产于欧洲大部分地区，它的英文名"Eglantine"源自一个古法语词，原意是"针"，这里指绣红蔷薇皮刺近乎直立，密被枝干。它始现于1775年。1820年，林德利（Lindley）为其命名。

作为一种古老的野生蔷薇，绣红蔷薇植株可达2米，花蕾颀长，花瓣有明显

Rosa Rubiginosa flore semi-pleno *Rosier Rouillé à fleurs semi-doubles*

P.J. Redouté pinx. Imprimerie de Rémond Chapuy sculp.

缺刻，浅粉色的花朵分外美丽。它最为知名的是其独特的深绿色叶片，会散发出甜美的苹果香气，特别是在雨后或潮湿的环境中。这使得它深受欧洲园丁们的喜爱，是英国花园中常见的野生蔷薇属植物。

然甲之蜜糖，乙之砒霜，同一种植物，在不同的生长环境，境遇也有所不同。现在，绣红蔷薇是南澳大利亚州和南非明令禁止种植的有害杂草，在新西兰则被列入受限制的杂草。

为什么会这样呢？这是因为作为乡村花园中无法穿越的树篱，绣红蔷薇的茂密多刺是不可多得的优点；但当它逃离花园，逸生为牧场上的杂草时，它旺盛的生命力就成了让牧场管理者极为头疼的一件事。它不仅会妨碍牧场动物进食，而且还会阻碍正常通行。不仅如此，现在还有研究表明，绣红蔷薇体内似乎具有某种化学物质，会抑制周围其他植物的生长。

54

Rosa laevigata

金樱子

花朵硕大、芳香浓烈的金樱子，自古以来便是一味著名的中药。

关于金樱子，在美国有个美丽而哀伤的传说。现今已被美国政府承认的三大印第安部落之一的切罗基族人当年被迫离弃家园，前往安置地俄克拉荷马州。在16 000多人的大迁徙中，传说切罗基族的母亲们因为悲痛欲绝，无法照顾她们的孩子，于是部落的长老们就向上天祈祷以安抚她们。第二天，母亲们眼泪掉落之处，长出了一株株美丽的金樱子，白色的花瓣代表母亲们的悲伤，花朵中心的金色雄蕊，则代表她们被夺走的家园，而每个复叶上的七片小叶，就是切罗基印第安人的七个部落。这也是金樱子在美国的名字——切罗基蔷薇（Cherokee Rose）的由来。

然而，实际上金樱子只有三片小叶，而非传说中的七片。并且，它并非美国原生蔷薇，而是来自中国。但早在1759年，美国南部的佐治亚州等地就已有金樱子栽培了。1916年，它成为佐治亚州的州花。这样的历史，使得很多西方人都以为金樱子原产于美国。

金樱子因花型优美、长势极强，而得以作为理想的庭院观赏藤本植物风靡全球，它被欧洲人认为是所有野生蔷薇属植物中最美丽的一种。早在19世纪初期，它就出现在英国人约翰·里夫斯的《里夫斯收藏》一书中。约翰·里夫斯一生痴迷于植物的收集和保存。他加入东印度公司后，作为茶叶调查员，在中国生活了近20

最早始现于日本横滨的红花金樱子，我推测其为中国金樱子的古老品种。

年。其间，他通过各种渠道收集了中国和亚洲其他国家的众多植物标本，并雇佣广州当地画家进行绘制，此书至今仍然被作为物种鉴定的重要依据，这其中就包括 654 幅中国珍稀植物绘画。

1789 年之前，金樱子在欧洲的大名为 *Rosa sinica*。因林奈（Carl Linnaeus）早期已将中国月季花（*Rosa chinensis*）定名为 *Rosa sinica*（意即来自中国的月季），为了避免重名，后将其正式定名为 *Rosa laevigata*。

金樱子花开如瀑，花大而香，叶色光亮。自古以来，它都因枝条粗壮、皮刺发达、生长旺盛、抗病性极强而被用作围墙绿篱。它们美而不娇，即便在土壤贫瘠的丘陵地区，甚至是大片砾石之中，也能自成群落。

金樱子的果实具有明显的药用价值，在中国宋代以前就已被用作药用，故而时有栽培。半重瓣金樱子等变种或栽培种，或许就是这样形成的。然而采摘其满是毛刺的果实，是一件不折不扣的艰难差事。宋代丘葵所作的《金樱子》一诗，就道出了药童之苦：“采采金樱子，采之不盈筐。佻佻双角童，相携过前岗。采采金樱子，芒刺钩我衣。天寒衫袖薄，日暮将安归。”至今，一入深秋，江西等地的药农仍旧会一早上山，日暮方归，传承着千年前的辛苦劳作。

我曾在日本见过一种开红花的金樱子，即红花金樱子（*Rosa laevigata* ‘Anémone Rose’），始现于 1896 年前后，据传为德国的约翰·克里斯托夫·施密特（Johann Christoph Schmidt）所育。

Rosa Nivea
Rosier blanc de Neige
P.J. Redouté pinx.
Imprimerie de Remond
Langlois sculp

55

Rosa chinensis var. *semperflorens*

重瓣白花月季

重瓣白长春（*Rosa chinensis* 'Double White'）。

这种重瓣白花月季（Variety of Monthly Rose）起源不甚明了。“中国四大老种”之一的休氏粉晕香水月季被引入欧洲以后，既被用作杂交亲本，也有直接采其种子播种，此类记载在当时的文献中并不鲜见。而重瓣白花月季是否由休氏粉晕香水月季所育，则无从考证。

中国古代既有直立灌木型重瓣白花月季，如“春水绿波”等；也有藤本类型，如我在云南昆明等地调查过程中发现的“白长春”。

“春水绿波”喜阴，是一个传承有序的古代名种。据清中期文献记载，“春水绿波即绿牡丹，色白，外瓣微散红点，近心之瓣有绿晕”，因为现在均为露地所植，所以其花瓣绿波的颜色几乎变成了白色。

“白长春”原为我国古代栽培品种，为中型藤本，叶形高雅，花径 8 ~ 10 厘米，花瓣数量较多，有着浓郁的甜香味，显然源自当地自然分布的野生种大花香水月季。它较耐霜寒，在昆明当地常用作绿篱。

我在日本也发现了一种名为“白长春”的古老月季，其花瓣、雄蕊和雌蕊的颜色均与我国的“白长春”相似，只是叶片较薄，花梗稍长，极有可能是同一个古代栽培品种。

Rosa Indica subalba
Rosier du Bengale à fleurs blanches
P. J. Redouté pinx.
Imprimerie de Remond
Lemaire sculp

56

Rosa × Noisettiana

诺伊赛特月季

1835 年欧洲育出的可四季开花的诺伊赛特月季（加州大学伯克利植物园），叶片和花型与其亲本月月粉颇为相似。

这种玫瑰据说是约瑟芬皇后最喜欢的玫瑰之一。它的美丽和芳香，就像是对一段浪漫的爱情故事的奖励。

主人公菲利普·诺伊赛特原是一位法国苗圃主的儿子。年轻的他在抵达北美洲西印度群岛后不久，就爱上了一位当地奴隶女孩。他铤而走险，带着女孩逃到美国南卡罗来纳州的查尔斯顿定居，并创建了自己的果树和观赏性灌木苗圃。

现在关于这个品种的母本“查普尼斯粉团”流传着两个版本的故事，一个是查尔斯顿当地一位富裕的农户约翰·查普尼斯，在得到菲利普·诺伊赛特赠送的月月粉植株后，利用它的种子进行繁殖，最后培育出了“查普尼斯粉团”；另一个则是约翰·查普尼斯在自家后花园发现了它的自然杂交实生苗后，送给了诺伊赛特一枝扦插条。但无论是哪一个版本，都已证实“查普尼斯粉团”是麝香蔷薇和月月粉的杂交品种。

在自己栽培成功后，菲利普·诺伊赛特发挥了作为一位苗圃主人对品种培育的敏感度，立刻给哥哥路易寄去了种子。路易在巴黎也拥有一座苗圃，他抢在其他育种人前面，培育并发表了新品系，并将其命名为“菲利普·诺伊赛特”。

因为诺伊赛特蔷薇杂种的后代中，有一部分品种已经继承了中国月季四季开花的特性，故亦可谓之“诺伊赛特月季”。在诺伊赛特月季系统中，有一种美丽又健壮的藤本月季“拉马克”，它的培育者为一位名叫马雷查尔的制鞋匠。根据记载，19 世纪很多非常优秀的月季新品种，都是由工人阶层培育出来的。

Rosa Noisettiana
Rosier de Philippe Noisette
P. J. Redouté pinx.
Imprimerie de Remond
Langlois sculp.

57

Rosa corymbifera

双花伞房蔷薇

中甸刺玫的皮刺、紫色蔷薇果以及果实上坚硬的刺毛。

此种伞房蔷薇一般被认为是狗蔷薇的一个类型，由德国人罗伯特·施密德（Robert Schmid）于1912年发现。从其拉丁学名来分析，种加词后缀bifera为两次开花之意，故将其命名为双花伞房蔷薇。

伞房蔷薇是月季育种史上一个相对重要的物种，它可能是白蔷薇的祖先之一，还被广泛用作蔷薇属植物的芽接砧木。伞房蔷薇与犬蔷薇非常相似，二者只有叶片不同，伞房蔷薇的叶片两面都布满绒毛。该物种分布广泛，横跨欧洲至黑海北部，以及突尼斯至摩洛哥的非洲海岸都有它的足迹。

伞房蔷薇花白色至浅粉，香味中等，有匍匐枝，近乎无刺。小叶深绿色，半藤本，常用作砧木，亦可作为庭院景观栽培。

有人将伞房蔷薇译作“荆棘蔷薇”，大概是因为它的皮刺。的确，伞房蔷薇的皮刺非常特别，特别之处就在于其皮刺先端弯曲得厉害，颇像收割庄稼用的弯镰。不仅如此，这弯弯的皮刺还好叠堆，常常两两并列，着生于分枝或托叶的下方。

蔷薇皮刺的变异性很大，如中甸刺玫（*Rosa praelucens*），其皮刺犹如成对的镰刀，粗壮结实。但像伞房蔷薇那样的“双排座”，可谓绝无仅有。

Rosa Dumetorum
Rosier des Buissons
P. J. Redouté pinx.
Imprimerie de Remond
Langlois sculp

58

Rosa pimpinellifolia var. *ciphiana*

复色茴芹叶蔷薇

复色茴芹叶蔷薇为茴芹叶蔷薇的变种。其花瓣呈深红色，先端近白色，有着犹如我国西部传统蜡染般可爱的花色。加上中间一圈排列极为整齐的金黄色雄蕊，色彩对比极为明亮夺目。据此花瓣色彩渐变之态，犹如刺绣而成，或蜡染所作，其别称“刺绣蔷薇”或许更为贴切。

关于复色茴芹叶蔷薇，现有文献译名众多，如伯内特蔷薇（Variegated flowering variety of Burnet Rose）、变色蔷薇（Variegated Rose）、苏格兰野蔷薇等。但有案可稽的是，此为法国育种家让–皮埃尔·维贝尔于1818年所育，据称其为刺蔷薇的杂交种。

遇到此类品种的一大难题是如何描述其花色。据皮埃尔所言，它的花瓣基部呈深粉色，色晕向外扩展，渐变成浅粉色，最终于花瓣近缘处开始，粉晕则成为乳白色。据文字记载，其花瓣为4～8瓣，芳香中等，一季开花。

曾经有一段时间，茴芹叶蔷薇备受冷落，而在此之前，它曾为园丁所钟爱。人们将它种在花园里，用它的叶子泡茶，它的果实则被用来调配丹麦的利口酒。近年来，随着其花朵美若天仙、植株生长旺盛等优势被重新发现，复色茴芹叶蔷薇又开始变得越来越受欢迎。除了绘画，我们在陶瓷用品和邮票上也常能见到它的身影。

Rosa Pimpinellifolia flore variegato La Pimprenelle aux Cent Ecus
P.J. Redouté pinx.
Imprimerie de Remond
Chapuy sculp

59

Rosa rubiginosa var. *umbellata*

伞房绣红蔷薇

绣红蔷薇通常又被称为"甜叶野蔷薇"，乍看之下很容易与狗蔷薇混淆。绣红蔷薇自然分布于欧洲。奇妙的是，中国科学院成都生物科学研究所高信芬研究员居然在云南澜沧江河谷采集到了它的标本，推测为早期传教士所为。

在19世纪月季品种繁育的鼎盛时期，由于人们对月季的需求日益增加，野生绣红蔷薇和狗蔷薇的插条多用来作砧木繁殖月季。到第二次世界大战时，它们的蔷薇果又同时成为英国人补充维生素C的来源。当时英国政府发动全国人民采摘它们的果实泡水喝，以防因为食物的匮乏而导致体质下降。据说在回忆这一段岁月时，英国人经常会自嘲，说那个时候是依靠蔷薇果和啤酒花生存的。现在，绣红蔷薇的蔷薇果常被用作一些化妆品的提取原料。

其实，蔷薇属植物的蔷薇果，其维生素C的含量普遍高于苹果等园艺果树的鲜果。英国人正是针对这一特性物尽其用，将狗蔷薇等蔷薇果的种子，加工成袋泡茶，外形有点像立顿红茶，颇受追捧。

要说蔷薇果里的维生素C，中国特有野生蔷薇缫丝花的含量更高。有鉴于此，如今贵州等地已将其作为山区脱贫致富的优选项目进行大面积栽培，其蔷薇果多被加工成蜜饯、饮料和果酒，为乡村绿色产业可持续发展开辟了新路。

Rosa rubiginosa aculeatifsima
Rosier rouillé très épineux
P. J. Redouté pinx.
Imprimerie de Remond
Chapuy sculp

我曾吃过包装成糖果样的缫丝花果实蜜饯，还曾将其作为中国蔷薇特产带至日本、法国、德国、美国、印度等国家，同行品尝过后，都赞其风味别致，并委婉道，若能把果皮外的那层密密的毛刺去得更彻底一些，果肉更软韧一些，兴许能成为除中国传统药用金樱子之外的又一汉方特产。

至于伞房蔷薇，中国还真有此物，其学名为 *Rosa corymbulosa*，分布于湖北、四川、陕西、甘肃等地，其生长环境多为灌丛、山坡、林下或河岸，多生长于海拔 1600 ~ 2000 米处。伞房蔷薇的花序与木香相类。所谓伞房花序，就是数朵或多朵蔷薇花，着生在几乎等长的花梗上，每一个花梗顶端着生一朵花。就像雨伞的伞骨一样，花梗长度相同，且汇集于同一个点，故而谓之“伞房”。

60 ~ 85

THE BIBLE OF
ROSES

Interpretation

60

Rosa agrestis CV.

半重瓣草地蔷薇

雷杜德所绘半重瓣草地蔷薇（Semi-double variety of Grassland Rose），显然是草地蔷薇（*Rosa agrestis*）的变种。

如果真如有人所认为的那样，其由种子播种而成，那就是栽培品种了，这也是古代野生蔷薇在家养驯化的过程中常用之技术路线。当然，倘若认为其由花粉杂交而来，那就是蔷薇杂交育种的范畴，自然传粉杂交和人工授粉杂交均有可能发生。由此可见，半重瓣草地蔷薇的身世尚不甚明朗。但可以肯定的是，半重瓣草地蔷薇至少是一个园艺栽培种，因为从植物进化理论而言，单瓣野生蔷薇在自然环境中是不可能出现重瓣化的。

此种半重瓣草地蔷薇亦名小叶甜蔷薇（Small-leaved sweet-briar）。花瓣粉色，先端浅粉色至朱红色，花瓣背面基部呈浅浅的橘黄色，单朵或数朵着生，通常以其中一朵为大，花径较小。株型开张，分支较多，皮刺基部稍大，先端稍稍弯曲，很有特点。小叶 5 ～ 7 枚，较小，边缘十分锐利。托叶两侧有腺毛，叶面半光泽，似有清香，一季开花。

半重瓣草地蔷薇整体非常耐看，因其株型较小、花朵半重瓣、小叶有芳香，尤得怀旧派园丁的青睐。你若有机会在欧洲的城市和乡村花园走走看看，时不时就能邂逅此等尤物，届时请一并带上我的问候，替我闻一闻它的叶片到底有着怎样一种幽香。

Rosa sepium flore submultiplui
Rosier des hayes à fleurs semi doubles
P.J. Redouté pinx.
Imprimerie de Remond
Eug Jalbeaua sculp

61

Rosa palustris CV.

疑似半重瓣沼泽蔷薇

沼泽蔷薇是美洲进入庭院栽培最早的野生蔷薇之一，最喜欢生长在低洼潮湿之处。倘若你要培育耐水湿的月季新品种，这个野生种和它的栽培品种，恐怕是你绕不开的选择。

在加拿大新斯科舍省、美国佛罗里达州的广阔土地上，与沼泽蔷薇相遇的概率非常大。一是因为在其开花的季节，你很容易被它那柔长的花枝和优雅的花朵所吸引，尤其是它的花蕾，细长而尖，浅粉的花色犹如蜡染一般别致，显得颇有品位；二是到了秋季，它那纺锤状的红亮的蔷薇果，在长满杂草的湿地显示度非常高，格外引人注目；三是即便到了万物凋零的冬天，哪怕周围一片白雪皑皑，它那山麻杆一般红红的直立枝干，摇曳在空旷的雪地上，红果点点，如同一幅绝妙的水彩风景画。

如图所示，从其形态特征来看，小叶狭长，花半重瓣，花梗细长，花蕾渐尖似中锋毛笔，与其重瓣类型不同，也有别于野生原种沼泽蔷薇，故应为沼泽蔷薇类的栽培种。

Rosa Hudsoniana scandens
Rosier d'Hudson à tiges grimpantes
P.J. Redouté pinx.
Imprimerie de Remond
Villiard sculp

62

Rosa pendulina

上图 四川康定的华西蔷薇。（蕊寒香摄）

下图 墨尔本皇家植物园引自中国四川的华西蔷薇，小叶呈深绿色，质地更为厚实，这显然与当地的湿度和光照条件有关。

垂枝蔷薇（Alpine Rose）亦即雪山蔷薇。因其常见于瑞典山区，所以在欧洲又俗称为“高山蔷薇”。

垂枝蔷薇拉丁学名中的“*Pendulina*”有垂挂之意，这是因为它的花梗细弱而柔长，以致花朵与果实均呈垂挂状。英文单词 nodding 描述的大概就是这种状态。因其瓶子形状的蔷薇果从枝条上垂悬下来的样子，垂枝蔷薇又有“垂果蔷薇”之别名。我国有关垂枝蔷薇的引种实验表明，其在南京、成都等地均可良好生长。

垂枝蔷薇广泛分布于欧洲中南部的高山上，花瓣深红色，常被认为是欧洲花色最深的蔷薇。在世界蔷薇属植物中，花瓣最深红者，为分布于我国四川康定周边的野生华西蔷薇（*Rosa cymosa*）。令人称奇的是，植于澳大利亚墨尔本皇家植物园的华西蔷薇，其花色接近深红色；而在美国波士顿阿诺德植物园，其花色则已近浅粉色。由此可见，花色的深浅，与其所处的纬度和海拔有极大的关系。

华西蔷薇是由英国植物学家威尔逊发现的。1899 年，威尔逊第一次踏上了中国的土地。此后，他曾先后四次深入四川、湖北等地采集植物标本和种子，其专著《中国——园林之母》记录了他长期在中国西部从事植物收集活动的经历。

Rosa Alpina vulgaris
Rosier des Alpes commun
P. J. Redouté pinx.
Imprimerie de Rémond
Chapuy sculp

63

Rosa centifolia 'Anemonoides'

银莲花百叶蔷薇

1814 年，法国波旁王朝复辟。已与拿破仑被迫离婚的约瑟芬，因曾经帮助过波旁家族，所以被允许可以继续生活在梅尔梅森城堡。银莲花百叶蔷薇就始现于这一年前后，它的发现者为法国的波伊尔普雷（Poilpre）。

有学者认为，这种欧洲银莲花百叶蔷薇是中国重瓣白木香和麝香蔷薇的杂交种。其花色浅粉至深粉，瓣数较多，容易反卷，雌蕊呈青绿色。花萼被腺毛，萼片先端呈小叶状。小灌木，一季开花。

关于银莲花百叶蔷薇的中文译法，也有人将其翻译为“海葵蔷薇”，依据之一是其花型状如海葵。其实，此类蔷薇花型源自银莲花，主要特征为花的外瓣宽而长，内瓣细而短，一眼便知。

我国蔷薇属植物中，也有一种银莲花蔷薇（*Rosa anemoniflora*）的重瓣类型，源于我国野生原种单瓣银粉蔷薇，主要产自福建和广东。其花瓣极多，而外瓣较少，初开之时，外瓣多反卷，内瓣带有浅浅的粉晕。作为花型奇特、观赏性极强的蔷薇品种，它在两百年前就已被广泛栽培。

据记载，英国植物猎人福琼于 1844 年在上海发现了单瓣银莲花蔷薇，并将其带回英国。

Rosa Centifolia Anemonoides La Centfeuilles Anémone
P.J. Redouté pinx.
Imprimerie de Remond
Victor sculp

64

Rosa palustris CV.

半重瓣小花沼泽蔷薇

半重瓣小花沼泽蔷薇（Semi-double Variety of Marsh Rose）是沼泽蔷薇的栽培品种，其形态特征亦与沼泽蔷薇非常相近。

仔细观察雷杜德所绘之画面，此种蔷薇还是有一些容易被忽略的、明显有别于沼泽蔷薇的形态特征。比如，半重瓣小花沼泽蔷薇花枝无刺，花梗光滑，叶片狭长而光亮，托叶顺着叶柄延伸较长，且大部分与叶柄合生，两侧光滑而无腺毛，分离部分则呈牛角状。花序上着花数量更多，花梗基部多苞片，花梗细长而光滑，花瓣窄而长，类似菊花瓣，花色也一改沼泽蔷薇之桃粉色，而呈浅粉和深红之混合色调。此外，花朵直径较小，尚不及小叶之长，显得玲珑可爱，观赏性更佳。

由于半重瓣小花沼泽蔷薇枝干无刺，其用途也随之大增。例如街心、社区、居民区、机关、学校等，或是其他人为活动频繁而空间有限的区域，均可无害化安全栽培。如果在公园临水坡岸定植，特别是规划成片状，则春来鱼游花树，秋去红杆红果成片，动静相间，四季变换，定会成为一道靓丽的风景。

Rosa hudsoniana Subcorymbosa
Rosier d'hudson a fleurs presquen Corymbe
P. J. Redouté pinx.
Imprimerie de Remond

65 半重瓣月月红

Rosa chinensis var. *semperlorens*

半重瓣月月红（Semi-double Monthly Rose）的类型较多，其主要形态特征为直立小灌木，花瓣深红色，小叶狭长，雌蕊红紫色，四季开花。对照版画插图，雷杜德笔下的这种半重瓣月月红，与引种在墨尔本皇家植物园里的半重瓣月季红十分相似。

中国古代月季对世界现代月季诞生所起的作用是决定性的，也是无可替代的。归纳到其种质方面，大致有三大类型：第一类是月月红类，其作为杂交亲本的价值在于它的重复开花性（Repeating flowering）和直立性（Upright shrub）；第二类即为香水月季类，特别是重瓣淡黄香水月季、佛见笑等，这是现代杂种茶香月季最为重要的源头；第三类就是重瓣深红月季类，如宝相、赤龙含珠等，它们是改变世界月季颜色的亲本，真正起到了推动世界月季界“颜色革命”的作用。巧合的是，这三类月季都最迟始现于北宋时期。从那以后，虽然至今已历经千年以上，但世界月季类型的基本格局，也即其主要植物学形态和性状特征，诸如株型、花型、重复开花、茶香、藤本、半藤本等，均未超越宋代月季已经拥有的巅峰习性，也丝毫没有动摇中国古老月季的优异和特异种质平台根基。

在我国，若以宋、元、明、清历代月季的主要类型及地方栽培品种作比较，从北方的洛阳、开封到南方的福州、镇江、宁波等地，虽然年代不同，但是主要类型及其品种几近一致。这也说明，自宋代的月季巅峰时期之后，其后出现的品种，再难望其项背。这有点像艺术，一旦在历史上到达巅峰，后面无论怎么追赶和创新，似乎再也无法超越。西方文艺复兴时期的油画是这样，中国的唐诗、宋词、元曲亦是如此。

Rosa Indica subviolacea
Rosier des Indes à fleurs presque Violettes
P. J. Redouté pinx.
Imprimerie de Rémond
Langlois sculp

66

Rosa × spinulifolia

高山蔷薇变种

高山蔷薇变种（Wild Hybrid of Alpine Rose），起源不详，有人推测其为自然变异。此种最为显著的形态特征，似乎都在这散生而发达的针刺和先端颜色变深的花瓣上。

雷杜德笔下的这种高山蔷薇原产于欧洲南部，直至中欧大陆都有分布，通常生长于3000～4000米的高海拔地区，与我国峨眉蔷薇和绢毛蔷薇生长地的海拔高度相近，因而高山蔷薇必定也是直立小灌木。

从手绘图来看，其形态特征非常特别。比如其皮刺，这样的皮刺其实在蔷薇属植物中非常罕见：针刺不像针刺，因为针刺的基部不能膨大；钉刺又不像钉刺，因为钉刺必须有与其刺垂直的基部。这样的皮刺，多少有些像小锥子，前尖而后粗，与火棘的皮刺相似。因此，将其命名为“锥刺蔷薇”，比起“高山蔷薇”这么笼统的名字也许更容易识别，也更利于蔷薇爱好者记忆。

Rosa Spinulifolia Dematratiana
Rosier Spinulé de Dematra
P.J. Redouté pinx.
Imprimerie de Remond
Langlois sculp

67

Damask Rose ‘Celsiana’

重台大马士革蔷薇

中国古代月季名种绿萼，雄蕊畸变成叶片状的绿色花瓣。

雷杜德所绘重台大马士革蔷薇，是重瓣大马士革蔷薇的变种或类型，花蕾露色部分为浅粉色，盛开后则变为近白色。尤为奇妙的是，此种总有一些花朵，被另一花枝穿心而过，呈一枝双花之罕态。

中国古代也有重台蔷薇、穿心蔷薇等名种。唐代杰出政治家、文学家李德裕所著的《平泉山居草木记》中曾有记载：“已末岁得会稽之百叶蔷薇，又得稽山之重台蔷薇。”李德裕偏爱园林花草，还专门写过花中开花的散文《重台芙蓉赋》：“吴兴郡南白苹亭有重台芙蓉，本生于长城章后旧居之侧，移植苹洲，至今滋茂。馀顷岁徙根于金陵桂亭，奇秀芬芳，非世间之物。因为此赋，以代美人托意焉。”

其实，重台、穿心等蔷薇，都是由蔷薇畸变而成，实乃其雌蕊非正常分化之态。然古今中外观赏动植物之妙，有时要的就是那种病态之美，如中国的月季名种绿萼之瓣。

在我国古代月季史上，绿萼又被称作“蓝田碧玉”。

Rosa Damascena Celsiana prolifera
Rosier de Cels à fleurs prolifères
P.J. Redouté pinx.
Imprimerie de Remond
Langlois sculp

它植株高约1米有余，叶片细长，叶色暗绿，似有蓝光。花朵较小，直径约3～4厘米，花瓣浅绿至绿色，细长而尖，雌蕊退化，雄蕊畸变成叶片状的绿色花瓣，堪称千古奇葩。

绿萼约于1827年由约翰·史密斯发现于美国，并取名“绿月季”（Green Rose）。1884年，在日本出版的《两羽博物图谱》一书中也已有绿萼的绘画，日本人将其命名为“青花茨”。1855年，皮埃尔·吉洛特（Pierre Guillot）将其由美国引入法国。

自从被引入西方，绿萼便因其不可思议的迷人绿色，而成为月季育种家梦中的圣杯。为了得到这种绿色月季，法国人曾把浅粉色或浅白色的月季栽种在冬青和柑橘旁边，期望花色能因此变绿。甚至还有人提出对月季施以催眠术，以阻止其秋后落叶。

绿萼是如何在19世纪就已经抵达美国南卡罗来纳州的呢？我虽费尽周折，曾数次赴欧美实地考察，但至今仍无确切答案。

68

Rosa × Harisonii 'Lutea'

哈里森黄蔷薇

哈里森黄蔷薇，亦名“德克萨斯黄蔷薇”，是异味蔷薇的杂交种。花色金黄而亮丽，具有极强的园艺观赏性。

在素有“玫瑰之城”之称的美国俄勒冈州，有一条著名的玫瑰小径，也称“俄勒冈玫瑰小径”，它是19世纪西部拓荒者所开辟的道路。在这条路上，人们怀揣着梦想和希望，冒着生命危险，忍饥挨饿，艰苦跋涉。男人的行李里装满了实用工具，而女人的行囊中除了《圣经》、被子和厨房用具，还有扦插玫瑰所用的枝条和播种用的种子。并不是所有玫瑰都能成功地穿越荒原，它们或是枯萎，或是被迫栽种在路边。现在，人们在玫瑰小径上发现了约20多种玫瑰。据说，当时很多后来人都是追随着玫瑰一路西行。那些跟随主人到达目的地的玫瑰，不仅成为人们战胜困难的象征，而且也令它们的主人感受到往日生活所带来的温暖。

这些充满传奇色彩的玫瑰中，就有哈里森黄蔷薇。它的生命力极其顽强，在美国中西部废弃的农场上，至今仍可以看到它们的花信。

哈里森黄蔷薇（Yellow Rose of Texas），亦名“德克萨斯黄蔷薇”，是异味蔷薇的杂交种。1824年，为美国纽约一位律师乔治·福利奥特·哈里森所育。花色金黄而亮丽，具有极强的园艺观赏性。要知道蔷薇和月季里，拥有艳丽黄花的种类或品种并不多，皮实健壮的就更少了。因此，哈里森黄蔷薇一经面世，没过几年就开始在美国长岛广泛销售了。

一般认为，哈里森黄蔷薇的亲本为异味黄蔷薇和茴芹叶蔷薇。此种蔷薇花瓣为金黄色，小叶 7 ~ 9 枚，一季开花，植株健壮，耐寒、耐旱、耐阴，几乎不需要人工养护。在很长一段时间里，它和另一个异味黄蔷薇和茴芹叶蔷薇的杂交种——威廉重瓣黄蔷薇，为西方仅有的两种耐寒性极强的鲜黄色蔷薇。

哈里森黄蔷薇乍一看很像我国北方常见的特有野生种黄刺玫（*Rosa xanthina*）。只是前者花梗长而细弱，后者则花朵紧贴花枝，据此即可将两者区分开来。

Rosa Eglanteria Luteola
L'Eglantier Serin
P.J. Redouté pinx.
Imprimerie de Remond
Langlois sculp

69

Rosa gallica × Rosa centifolia

高卢百叶蔷薇

此种重瓣蔷薇株型矮小，花蕾紧包，花瓣窄而短，花色近朱红，萼片两侧分裂成羽毛状，形态特征非常明显，易于识别。多数人疑其为法国蔷薇与百叶蔷薇的杂交种，只是其花叶如此之小，可谓法国蔷薇之微型类型，亦即微型法国蔷薇。

高卢蔷薇，俗称“法国蔷薇”，但法国蔷薇并非只在法国才有此种野生蔷薇分布。相反，法国蔷薇分布范围非常广，不仅在中欧、南欧极为普遍，就连在中亚地区也不算稀奇。只是这个特定的国家名称限制了人们的想象，并将人引入歧途，以为法国蔷薇为法国独有。

蔷薇属植物命名既是科学，又是艺术，还是习俗。植物学家命名蔷薇属植物时，大多会顾及其形态分类学特征，如日本富士山周边分布的日本特有蔷薇“毛叶缫丝花”（*Rosa hirtula*），其拉丁名的意思就是叶片上有毛状物的蔷薇。只是这种毛状物，并非常见的叶面柔毛或腺毛，而是短小光亮的小毛刺，如果不用10倍以上的显微镜放大观察的话，还真不易发觉。

当然也会使用人名来命名，以纪念在该物种发现过程中发挥了重要作用的人。如自然分布于我国西南山区的川滇蔷薇（*Rosa soulieana*），命名者雷克潘就是为了用这个名字来纪念其发现者佩尔·苏利耶。苏利耶利用传教之便，在四川、西藏采集到了川滇蔷薇的种子，并于1895年前后将其寄到法国，让西方人有机会见到这种来自中国的枝叶呈浅灰色的奇异野生蔷薇。

西方有法国蔷薇之泛，而我国则有野蔷薇之乱。像《中国植物志》蔷薇属下的野蔷薇（*Rosa multiflora*），这样的命名太过宽泛而语焉欠详。这里的“野蔷薇”，实际上专指“多花蔷薇”，像古代的粉团蔷薇、“白玉堂”、紫花粉团等数十个重瓣栽培品种，都是它的后代。这种野蔷薇分布极广，不仅在我国大部分地区都有其自然分布，就连近邻日本亦有相类。若按一般认知，非经人工栽培的蔷薇，都可以叫野蔷薇。而用一个泛指的名词，来命名一个特定的蔷薇野生种，既不合理也不科学，更在物种识别方面造成了混乱。

Rosa gallica × Rosa centifolia / 高卢百叶蔷薇 /

70

Rosa sempervirens CV.

常绿蔷薇栽培种

雷杜德这幅画中的常绿蔷薇是一个栽培种，英文名为 Variety of Evergreen Rose，与前面所述之常绿蔷薇相类。

从雷杜德所绘之常绿蔷薇栽培种来看，其花枝细软，皮刺楔形，倾斜而无钩；叶柄较长，托叶大部分贴生，分离部分呈尖角状，两侧光滑，无腺毛；小叶较大，表面凹凸不平，呈深灰绿色；花朵较大，白色，雌蕊呈柱状，雄蕊整齐排列于口沿，花丝和花药金黄色；萼筒长圆形，萼片有少量棍棒状分裂；花序呈复伞房状，有苞片。

得益于其花朵直径较大，叶片下垂颇具美感，故而成为约瑟芬皇后的“座上宾”，还有植物绘画名家专门为它绘制肖像画。只是，岁月如歌，直至 200 年后的今天，早已物是花非。如今的欧洲花园里，再也见不到它当年颇具特色的倩影。

这样的故事并非此种独有。历史上的许多蔷薇品种，并不是因为它们自身长得有多差，而是因为新品种推陈出新的速度实在太快，最终输给了再难回首的岁月，输给了育种技术之创新与普及，输给了喜新厌旧的人类。

Rosa Sempervirens latifolia
Rosier grimpant à grandes feuilles
P.J. Redouté pinx.
Imprimerie de Remond
Langlois sculp

71

Rosa chinensis 'Single'

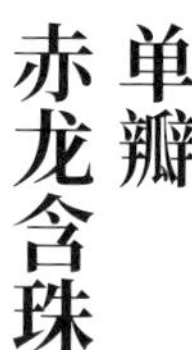

单瓣赤龙含珠

中国火焰（Bengal Fire），1887 年发现于欧洲。

经过多年对“中国四大老种”的收集与甄别，我以为被西方人称为斯氏猩红月季（Slater's Crimson China）者，即为我国宋代名种赤龙含珠，亦名“赤龙吐珠”。

赤龙含珠是创立现代月季深红色系的一个重要亲本。据记载，它是由一位东印度公司的船长送给西尔伯特·斯莱特（Cilbert Slater）的礼物。与帕氏淡黄香水月季和休氏粉晕香水月季一样，许多人也以为赤龙含珠在西方早已消失，直到 20 世纪 50 年代，人们在百慕大重新发现了它。

百慕大距纽约大约 1000 千米，冬季平均气温 17 ~ 21℃，夏季则为 22 ~ 26℃，气候温暖湿润，面积虽小，却是古老月季的乐园。在那里曾经发现过许多中国古代月季名种，如枫叶芦花、黄蝉衣（*Rosa chinensis mutabilis*）、月月粉、月月红、单瓣藤本月季（Indica Major）、荼蘼、重瓣白木香、金樱子、硕苞蔷薇等。

这么多中国古老月季和蔷薇原种是如何抵达这个孤岛的呢？百慕大位于美洲与欧洲海上运输的中心枢纽地带，曾作为中转站在历史上拥有四百多年的繁荣时期，很有可能这些古老月季和蔷薇原种就是随商船而来。例如，福琼发现枫叶芦花的地方——宁波，

Rosa chinensis 'Single' / 单瓣赤龙含珠 /

其附近舟山在300年前就有西方各国的商船往来，有一种被西方命名为“舟山月季”的古代中国月季，就是由舟山运至西方各国的。

雷杜德所绘的这种月季来源不详，本人迄今尚未找到如此弱枝小花的单瓣月季类型。据其花枝无刺、小叶狭长、托叶宝瓶状、花蕾颀长、萼片尾尖呈羽毛状、花瓣深红、花心呈白色等主要形态特征来看，与现存古老月季赤龙含珠极为相似，故译作“单瓣赤龙含珠”。

一般认为，野生单瓣品种变成重瓣园艺品种会比较困难，往往需要长期的改良；而从重瓣变为单瓣则非常容易，比如播种月月红的种子，就可以得到其单瓣实生苗。这种变异，也有人称之为“返祖现象”。赤龙含珠采其种子播种，或用其花粉杂交，在理论上均可得到单瓣类型。因此，单瓣赤龙含珠之名，实非空穴来风。只是此种单瓣赤龙含珠，花枝光滑，没有皮刺，有别于其亲本。若称其为“无刺赤龙含珠”，亦无不妥。

72

Rosa chinensis 'Chi Long Han Zhu'

赤龙含珠

中国宋代月季名种赤龙含珠。

这种玫瑰应是约瑟芬皇后的玫瑰园里最受宠爱的中国古老月季名种之一，深红的花色、娇俏的株型，以及四季开花的特性，在200多年前曾令欧洲人朝思暮想。它就是我国宋代月季名种赤龙含珠，西方俗称为“White Pearl in Red Dragon's Mouth”。

赤龙含珠花梗细长、花瓣基部白色成圈，且内瓣又多内卷成球形，故宋人将其命名为“赤龙含珠”。它是早期被引入西方的“中国四大老种”之一，也是拥有红色花瓣的玫瑰中花色最深的品种。

二十多年前，在“六朝金粉地，金陵帝王州”的南京璇子巷，我在国内首次重新发现了失踪已久的赤龙含珠。那真的是城南旧事。犹记得璇子巷内北临长乐路、南望中华门的河边老房的山墙上，攀着一株大叶藤本月月红，爬满了一整面墙，三三两两的枝叶和花朵延伸至屋檐之下、黛瓦之上，非常夺目。在巷内的一口古井旁，数丛赤龙含珠毫不起眼地生长在那里，数朵下垂的猩红色花朵悄然开放。这个令人惊喜的发现，让我忍不住数次前往璇子巷探访。从早春到寒冬，它们就如一位老者，不知疲倦地以花朵招呼着前来取水的街坊。然而前年等我再走璇子巷，除了古井，那数丛赤龙含珠已不复存在。幸好我早年采集了它们的枝条，种在我的小院里，留住了它们历经岁月的花朵与那抹芬芳。

我与赤龙含珠的海外奇遇，则是在美国加州的萨克拉门托古老月季园（Sacramento Historic Rose Garden）。它建于1992年，至今已经收集保存了500种加州本地发现的古老月季和几十种野生蔷薇，其中不乏中国古老月季。当我在陈棣先生的安排下，一路奔波抵达古老月季园时，当地政府已经派人备好了午餐，月季协会的主要工作人员也准备好了全套的月季园资料，让我非常感动。

然而出乎意料的是，这座位于城市中不算小的古老月季园，居然也是一座有着约200年历史的古老墓园。一丛丛的古老月季，自然而得体地栽种在墓穴周边，以墓碑相隔，有一种独特的氛围。也许正是因为如此特别而又富于内涵的景致，萨克拉门托古老月季园才能在2015年被世界月季联合会授予“世界月季名园”的称号吧。

在这座令我至今难忘的古老月季园中，我不仅如此真切地看到了赤龙含珠，看到了重瓣缫丝花，看到了无刺重瓣青心黄木香，更是看到了目前在中国都难得一见的佛见笑。这么多的中国月季嘉种，它们是如何抵达加州这片干旱少雨的土地的呢？环顾宁静的古老墓园，我不禁陷入了沉思。

那一次，带着几分期许，在离开萨克拉门托古老月季园后，我继续驱车前往位于硅谷附近的斯坦福大学。但令人遗憾的是，无论是古色古香的图书馆旁，还是藏有蒋介石日记的胡佛塔下，我都没有任何收获。倒是斯坦福大学校门前的一片现代月季，花朵色彩丰富，叶片在阳光的照射下熠熠生辉。

Rosa chinensis 'Chi Long Han Zhu' / 赤龙含珠 /

73

Rosa chinensis CV.

细梗月月红

墨尔本皇家植物园里的细梗月月红。

这种月月红显然是月月红类中的一个品种。其花枝柔软，皮刺较少，花梗细长，花瓣深红，明显有别于欧洲本地的古老栽培蔷薇，故将其名译作“细梗月月红”（Variety of China），以示区别。

细梗月月红在欧洲比较常见，而国内则栽培甚少。究其原因，可能是因为国内月月红、月月粉种类繁多，可选择的范围极大，故很少会刻意栽培那些看似弱不禁风的月季品种。

我在前往澳大利亚拜访悉尼大学农学部时，特地转道去了墨尔本皇家植物园。墨尔本皇家植物园位于墨尔本市郊，始建于1846年。植物园内的月季园并不大，但来自中国的蔷薇和月季却不少，其中就有细梗月月红的倩影。

不知设计者是否有意为之，古老月季栽培区正好位于月季园中的一处高坡之上。透过开得有些过于密密匝匝的花朵，可以远远看到墨尔本市中心。一边是几百年前的古老月季，另一边是高楼林立的国际化大都市，古老与现代相映成趣。

Rosa Indica dichotoma
Le Bengale animating
P.J. Redouté pinx.
Imprimerie de Remond
Chapuy sculp

墨尔本月季园中的中国古老月季重瓣缫丝花。

古老月季栽培区中有不少来自中国的蔷薇，其中就有中国重瓣缫丝花（*Rosa roxburghii*）。重瓣缫丝花株型直立，花色鲜艳，花期较长，适应性极强，深受西方人的青睐，国外庭院栽培甚广。

美丽的重瓣缫丝花为中国宋代月季名种。虽然按照植物学分类，它在蔷薇属植物中被归为缫丝花亚属，但至今无法找到其野生种群，是名副其实的中国古代栽培品种之一，多分布于四川、贵州、云南等地。中国重瓣缫丝花至少在江户时代就已经东渡扶桑，日本人称之为“十六夜蔷薇”。重瓣缫丝花被引入日本后，不知是水土不服，还是另有其故，开花之时花瓣边缘总是缺那么一小块。

1824 年，重瓣缫丝花由广州经印度加尔各答被引种欧洲，它曾被用于月季育种，在西方的庭院中也应用极多，拥有数个名字。美国人因其花萼上的刺毛特别显眼，称其为“板栗玫瑰”（Chestnut Rose）；而在英国，它则被叫作“刺玫瑰”。

2011 年，在美国萨克拉门托古老月季园，两丛重瓣缫丝花竟然在深秋 10 月还绽放着鲜艳的花朵，令远道而来的我备感惊喜。月季园的工作人员见状，旋即拔出根蘖三株，用吸水纸包好根部，套上保鲜袋，放入我的背包中。随后，我背着它们从加州到纽约，沿着东、西海岸的月季园周游半个月。回到南京后，我将它们种在盆中，很快它们就伸出了绿油油的叶子，可见生命力之顽强。

74

Variegated variety of Autumn Damask Rose

金叶秋大马士革蔷薇

金叶秋大马士革蔷薇，很明显是秋大马士革蔷薇（Autumn Damask Rose）的变种，因其叶片上多夹杂金黄色斑块而得名。除叶片颜色不同之外，金叶秋大马士革蔷薇与秋大马士革蔷薇相比，还是有比较大的差异，如皮刺的大小、形状与多少，明显各异。

有趣的是，大马士革蔷薇在不同国家可谓物尽其用。如在伊朗、伊拉克、阿富汗、法国、保加利亚等国家，人们似乎只用其花；而在爪哇岛，人们习惯将其叶片作为蔬菜食用；到了印度，当地人则认为其蔷薇果是一味很好的草药。

我以为，大马士革蔷薇的故事远比我们今天探知到的要多得多。它是西方历史上最为著名的香料植物，而芳香文化的形成则始于中东。中东地区一直以来就以生产玫瑰著称，大马士革蔷薇花香浓烈，且其香味十分特别，有一种浓烈的麝香腺体所发出的味道，非常适合以肉食为主的中东人和西方人用来遮盖其体味。并且易于栽培，花瓣富含芳香油，进而延伸出更多的香料产品。据说，波斯最早在9世纪初就已出现香水产业，玫瑰精油的英文名“attar”也来自波斯语，意为“芳香的”。早在查理曼帝国查理大帝时期，他在亚琛的宫殿里就飘浮着大马士革蔷薇精油的香味。

玫瑰精油的获得完全出于偶然。公元11世纪，作为伊斯兰世界最伟大的学者和医生，伊本·西拿（Ibn Sīna）在尝试将玫瑰与诸金属混合提炼黄金的过程中，通过一套经过改良的蒸馏装置，意外地提取到了玫瑰花瓣里最纯的物质，也就是玫瑰精油。他也因此被尊称为“精油之父”。

玫瑰精油的芳香种类很多。一般我们比较容易识别的，大约有七种类型。大马士革蔷薇被称为“古典大马士革型”，它的味道非常香，近似中国的玫瑰；大马士革杂交种的味道与之略有不同，被称为“现代大马士革型”；其他还包括茶香味、蓝香味、辣香味等。辣香味蔷薇辣香浓烈，我国分布较广的野生小果蔷薇便是其来源之一。

据说若想获得10毫升玫瑰精油，就需要在黎明采摘一万朵带有露水的玫瑰花，然后历经浸泡、数次蒸馏才可获得。这也是好的精油总是十分昂贵的原因。精油的成分非常复杂，蔷薇、玫瑰、月季其实都可以用来提炼精油，但是不同品种所富含的香茅醇（Citronellol,为具有芳香的天然有机化合物，是精油的重要构成物质）含量也大为不同。比如月季，尤其是中国月季，香茅醇的含量就非常低。然而物以稀为贵，现在日本的资生堂等化妆品公司正在做月季提取精油的实验，以满足追求个性化的高端客户群的需求。不同的月季，精油成分也略有不同，比如蓝香月季就比较偏重于蓝香味的精油成分。

大马士革蔷薇的花瓣中富含大量香茅醇，且易栽培，是玫瑰精油产业的重要原料。古代欧洲大马士革蔷薇以法国普罗旺斯等产地为最，如今则在保加利亚的卡赞利克谷和卡尔洛沃谷这两个山谷大放异彩。当然，原本就是大马士革蔷薇发源地的伊朗，也从来不曾中断这种传统香料蔷薇的规模化生产。

现在，我国四川阿坝州四姑娘山所在的小金县已广泛引种大马士革蔷薇，这也是当地有“玫瑰姐姐”之称的陈望慧女士主持的扶贫项目。当地海拔高度近3000米，是世界上种植大马士革蔷薇最高的地区。这里产出的重瓣大马士革蔷薇花头十分经泡；玫瑰精油的品质也不输伊朗原产地。我虽跑遍东西半球、看遍世界各地的名种，但还是希望能亲赴小金县一睹高原玫瑰谷的芳容，那其中蕴含了当地村民脱贫致富的希望。

Variegated variety of Autumn Damask Rose / 金叶秋大马士革蔷薇 /

75

Rosa gallica CV.

法国花叶蔷薇

我在云南野外发现的蔷薇花穿枝现象。

法国花叶蔷薇为法国蔷薇的变种，因其花蕊畸变为成丛的叶片，花中带叶，故谓之“法国花叶蔷薇”。

从植物器官的起源来说，花瓣源于雄蕊，即所有花瓣都来自把雌蕊围成一圈的那些头顶花药的雄蕊。在漫长的岁月中，一部分雄蕊会逐渐转化为花瓣。有趣的是，德国著名诗人、剧作家，同时也是一位植物爱好者的歌德，早在18世纪就提出了这样的猜想。

蔷薇花瓣的基数为五，故俗称“五数花”，这是由进化决定的成功授粉的最佳花瓣数，不管是通过昆虫、风来授粉，还是花朵自身授粉。一般而言，随着花瓣数量的增加，雄蕊则会相应减少。

当然，也有少数如峨嵋蔷薇等开四瓣花的四数花。峨眉蔷薇分布于中国西部和西南部。云南香格里拉地区土壤贫瘠，植物稀少，气候变化剧烈，每逢花开时节，娇俏的峨眉蔷薇便为这高寒地带平添了一份江南桃花盛开般的勃勃生机。

雌蕊退化、雄蕊变异而致花中开枝散叶的情形，亦非鲜见。但法国花叶蔷薇不仅仅是穿出一个短小的花枝，而是穿出了一整根枝条，实属异类。

Rosa Gallica Agatha (var. Prolifera)
Rosier Agathe Prolifère
P. J. Redouté pinx.
Imprimerie de Remond
Victor sculp

76

Rosa gallica CV.

斑点法国蔷薇

人们从埃及和克里特岛所发现的古代壁画上得知，人类早在5000多年前就已经开始为了芳香物质而栽种花卉，并用其制作香水。最初，法国蔷薇也是被作为香料栽培，因其花朵大而香味浓郁，即使干燥后仍然能保持香味，直到后来被大马士革蔷薇所取代。

斑点法国蔷薇为法国蔷薇的一个变种。现在，在欧洲的葡萄园中常常可以见到它的身影。这并非仅是为了美化之用途，更重要的是，在这里它被当作霉病发生的预警信号。尽管侵染葡萄的真菌株系和侵染蔷薇的病原并不相同，但是葡萄园的种植者们认为，斑点法国蔷薇易感染霉病的特点，有利于霉病发生时，可以第一时间显现出染病的样子来。

然而，作为法国蔷薇与百叶蔷薇的杂交种，斑点法国蔷薇紫红色花瓣上时隐时现的浅色斑点并非霉点，亦非药害或肥害所致，而是基因突变而来。其形态与性状稳定，可以无性繁殖，极具观赏性。

花瓣上时隐时现的浅色斑点虽实属罕见，但对中国古代月季而言，斑点月季可谓见怪不怪。宋代的《月季新谱》中，就收录了数种花瓣带有白色或红色斑点的名种，例如玉液芙蓉，“上品。色白，外瓣有红点，香气最盛”。《月季新谱》的作者署名为迂叟，迂叟何人？经过对其进行的一系列考证，我以为是北宋政治家、文学家司马光。

现存带斑点的品种，欧洲似乎只有阿里莲·布兰查德（Alian Blanchard），其花瓣的形态特征非常突出，令人过目难忘。

Rosa Gallica flore marmoreo Rosier de Provins à fleurs marbrées
P.J. Redouté pinx.
Imprimerie de Remond
Bessin sculp

77

Rosa agrestis CV.

窄叶草地蔷薇

野生单瓣白木香，亦称“白玉碗”，与窄叶草地蔷薇颇有几分神似。

雷杜德所绘窄叶草地蔷薇，乃草地蔷薇的自然变种或栽培类型之一，花瓣近白色，叶片细长，与欧洲常见之草地蔷薇相近。为与其野生原种有所区别，遂以“窄叶草地蔷薇”谓之。

草地蔷薇株型稍矮，与当地的草地融为一体，乳白色的花朵开在一望无际的草甸上，颇有天苍苍，地茫茫，风吹草低现蔷薇的旷野之感，别具一格。

窄叶草地蔷薇的花瓣先端有缺刻，即外缘中部略显凹陷。此类形态特征，与金樱子的花瓣相似。

此外，窄叶草地蔷薇的花型颇有特色，花蕾绽放中期花瓣几乎直立，五瓣围合呈碗状。中国古代尊称单瓣白木香为“白玉碗”，此花与其亦有相似之韵。

Rosa Sepium Myrtifolia *Rosier des Hayes à feuilles de Myrte*

P. J. Redouté pinx. Imprimerie de Rémond Langlois sculp

78

Rosa gallica CV.

大花法国蔷薇

在法国历史上，法国路易十六的王后玛丽·安托瓦内特，素有“凡尔赛的洛可可玫瑰”之称，不仅是因为风姿绰约的玛丽王后正如后来的著名文学家茨威格所评价的那样，“再没有人能比她更好地表现18世纪的风情，她是18世纪的象征，也是18世纪的终结”，还因为玛丽王后非常喜爱法国蔷薇，她喜欢在繁花盛开之际，前往当时法国蔷薇的主要产地普罗旺进行观赏。

在保存至今的玛丽·安托瓦内特的多幅肖像画中，衣饰华丽、发型独特的玛丽王后总是手持一朵法国蔷薇。这些画中，最为著名的是由宫廷女画师伊丽莎白·维杰·勒布伦所绘制的《手持玫瑰花的玛丽·安托瓦内特》。这幅画绘于1783年，几年后法国大革命爆发，玛丽·安托瓦内特被送上断头台，结束了自己跌宕起伏的38年人生。

19世纪40年代前后，法国蔷薇培育品种呈爆发式增长，大花法国蔷薇就是在这一时期培育出来的一个品种。开大花的法国蔷薇十分少见，此种蔷薇以花朵单瓣、花径硕大而著称，其花径达到了小叶长度的2.5倍左右，的确与众不同。此外，它的新梢嫩叶略带紫红色；花瓣宽而阔，近基部还有一个淡淡的白色晕圈，观赏性极强。

法国蔷薇现有约300个品种，大部分都已消失，如雷杜德所绘法国蔷薇中一种名为“豹皮花”的蔷薇，其因花瓣斑点状似非洲植物豹皮花而得名。

至今留存下来的法国蔷薇中，颜色最深的是花开紫色的“黎塞留主教”。它由比利时育种家帕门提埃所培育，为纪念红衣主教黎塞留而命名。历史上，黎塞留既是天主教领袖，也是一位政治家，曾担任法国国王路易十三的首相，并为他建立了著名的皇家植物园。

Rosa Gallica rosea flore simplici Rosier de Provins à fleurs roses et simples

P. J. Redouté pinx. Imprimerie de Remond Langlois sculp

79

Rosa gallica 'Violacea'

紫红法国蔷薇

这是一种外形非常华丽的蔷薇，花瓣深紫红色，花蕊金黄色，故谓之“紫红法国蔷薇”。它有着天鹅绒一般的紫红色花瓣，花瓣中间金色的花蕊如同王者的金冠。它始现于荷兰，1795 年前后即有栽培。约瑟芬皇后的著名园丁安德鲁・杜彭大约在 1811 年前将其引入梅尔梅森城堡的玫瑰园。

这种蔷薇因与一个传奇故事紧密相连，而显得分外特别。故事的主人公艾梅・迪比克・德里弗利是约瑟芬皇后的堂妹，自小在法国接受教育。在她完成学业，乘船返回位于加勒比海的马提尼克岛家中时，不幸被海盗抓住。海盗先是将其带往阿尔及尔，后又把她送给奥斯曼帝国苏丹阿卜杜勒・哈米德一世做王妃。自以为命运多舛的她，没想到竟备受哈米德一世的宠爱，并成为后来的穆罕默德六世的养母。年幼的穆罕默德六世继位后，艾梅实际掌握了奥斯曼帝国的大权，被尊称为“苏丹娜”。她去世后，穆罕默德六世将她葬在圣索菲亚大教堂的花园里，并在墓碑上刻下：她的伟大和声望使得这个国家成为一座玫瑰园。对于这个故事的真实性，至今也有学者持怀疑态度，但是已无关紧要了。现在，我们也无从考证这个命名是由谁来完成的，只知道紫红法国蔷薇又因这个传奇的故事而被称为“苏丹娜”。

紫红法国蔷薇株型中等，分枝较多，叶片较大，叶面不光滑。花瓣从单瓣至半重瓣，花径可达 10 厘米，芳香浓郁，一季开花。因花大色深，异常美丽，且极易栽培，耐阴，抗病，紫红法国蔷薇已成为月季爱好者的首选庭院栽培品种，因此在如今的欧洲庭院，仍然可以看到它的身姿。

Rosa Gallica Maheka (flore subsimplici)
Le Maheka à fleurs simples
P.J. Redouté pinx.
Imprimerie de Remond
Langlois sculp

80

Rosa centifolia CV.

穿心百叶蔷薇

穿心粉团蔷薇。

穿心百叶蔷薇（Variety of Cabbage Rose），其花非常新奇，奇特之处在于它不仅花中开花，而且其萼片全部畸变成羽毛状叶片，形态特征极为罕见。

我曾于云南发现穿心粉团蔷薇，但其萼片正常，花中见花的畸变比例甚少，至今尚未发现全株所有花朵均呈穿心状者。

唐代宰相李德裕可谓爱花之士。他不仅赏赐大臣荼蘼酒，还在其《平泉山居草木记》中载有“已未岁得会稽之百叶蔷薇，又得稽山之重台蔷薇”之述。此处之重台蔷薇，顾名思义，就是蔷薇花的花心之中再开出一朵花。这样的花当然稀罕至极。从其机理而言，不外乎在第一朵花盛开之时，其雌蕊畸变成另一轮花枝，且花芽迅速分化，形成另一朵完整的花。这便是穿心百叶蔷薇的神奇之处。

类似这样花开两层的植物，比较典型的当数我国的“重楼”，叶片轮生成两层，犹如两层楼房，其上再开出如叶片一样多的花瓣。它既是一种药用植物，具有清热解毒、消肿止痛、凉肝定惊之疗效，又是一种濒危植物，还是目前云南山区村民脱贫致富的好帮手。

Rosa Centifolia prolifera foliacea La Cent feuilles prolifère foliacée
P. J. Redouté pinx.
Imprimerie de Remond
Victor sculp

81

Rosa feotida 'Bicolor' CV.

金叶异味蔷薇

清末著名画家任颐于1873年所绘《月季与双鸟图》中的古老月季“银背朱红”。

金叶异味蔷薇是复色异味蔷薇的变种，因其部分小叶呈金黄色而谓之。此类金叶现象，有的是植株感染病毒所致，有的是栽培基质缺少微量元素，也有因其基因变异而金叶性状稳定者。雷杜德笔下的这种珍稀品种当属后者。

金叶异味蔷薇，源自奥地利黄蔷薇（Austrian Copper Rose）之复色蔷薇品种（Bicolor）。雷杜德所绘金叶异味蔷薇，其花二朵，均为正面，故为红色。但其背面实则应为黄色，构成单瓣复色之标准模样。细心的读者会发现，画面上部之花蕾，其露色部分，显出了近半之金黄色。这就说明盛开后的花朵，其背面必定为黄色。现代月季之复色品种，如进入我国已久的老品种“金背大红”（Condesa de Sástago，西班牙育种家于1930年育出），其花瓣正面和背面就是双色的。

或许有人会说，复色月季的起源应在欧洲。其实，清末“海派四杰”之一的任颐，早就为我们画出了扬州当地的复色月季品种。中国人民大学王建英教授，还一直催促我给这种中国古老月季起个名。只是我至今没能找到与之匹配度较高的古代文献之证，难以贸然下笔。不过，若从其花色而言，或许叫作“银背朱红”亦颇俗中见雅。

Rosa Eglanteria sub rubra
L'Eglantier Cerise
P. J. Redouté pinx.
Imprimerie de Remond
Langlois sculp

82

Rosa × odorata

单瓣香水月季

大花香水月季（*Rosa odorata* var. *gigantea*）。

雷杜德所绘的这种单瓣香水月季（Single variety of Tea Rose）由来已久，遗传背景现已无从查考。仅从形态学考证，其皮刺、叶形及大小、花瓣形状及大小、萼片两侧光滑不分裂等，具有明显的中国香水月季之特征，但小叶表面凹凸、无光泽，则已明显欧洲本土化了。

根据我多年的野外调查发现，香水月季栽培种或品种基本源自三个类型，即香水月季型、大花香水月季型，以及香水月季与大花香水月季之间人工或自然的杂交型。在大量现场调查与采集标本的基础上，为了更加接近实际，我将此三种类型统一归为香水月季类群。

香水月季这一类群，因株型硕大、枝叶优雅、花朵半垂、花瓣芬芳甜美，加之适应性强，在我国至少在宋代，已经进入人们的日常生活中，或为画家入画，或为庭院生香。尽管中国自古以来就更崇尚重瓣花卉，但单瓣类型的香水月季在古代也并非鲜见。美国俄亥俄州克利夫兰艺术博物馆所收藏的我国明代画家陈洪绶的《花鸟精品册》中，就有一幅单瓣粉红香水月

Rosa indica fragrans flore simplici *Le Bengale thé à fleurs simples*

P.J. Redouté pinx. Imprimerie de Remond Victor sculp

季，形态逼真，就连花梗上的腺毛都清晰可辨。此画还附有书画大师谢稚柳、中国美术家协会理事唐云的书法题跋，可谓传承有序。

中国野生的大花香水月季拥有非常大的花朵，直径可达 10 厘米以上，原产于云南，多生于林缘沟壑，被认为是现代茶香月季的主要亲本。而雷杜德手绘的这种单瓣香水月季，与中国野生大花香水月季明显不同，前者为灌木类型，而后者则为藤本。由此可以推断，雷杜德笔下之物，当为香水月季的单瓣类型，或源自重瓣香水月季之实生苗。

被西方称为“中国四大老种”之一的帕氏淡黄香水月季，是我国著名的香水月季古老品种。它在 1824 年被英国植物学家约翰·帕克（John Parks）运回英国后，随即又从英国运抵巴黎。由于当地冬季十分寒冷，所以多为盆栽。当时西方黄色月季十分稀罕，而帕氏淡黄香水月季不仅株型直立、形态优雅，且叶大花黄，茶香宜人，故而被视为独一无二的珍品，被广泛用作亲本杂交。但令人费解的是，它却于 1842 年突然绝迹。现今西方广为栽培的所谓帕氏淡黄香水月季，来自彼得·比尔斯（Peter Beals）的苗圃，其实是一种藤本淡黄香水月季，充其量也只是原物的芽变品种或实生苗后代。

2005 年在云南腾冲的深山中，疲累且饥肠辘辘的我忽然闻到一股郁郁甜香，一路沿香寻去，只见一丛花枝探过断壁残垣，枝上的重瓣淡黄色花朵摇曳在蓝天之下。帕氏淡黄香水月季！那一刻我喜极而泣，扑通跪地。中国月季始现于魏晋，盛于宋初，流散欧洲则是自清中期开始，虽历经大自然的选择和战乱的洗礼，但绝大部分名种都存活至今，实在是个奇迹。

香水月季庭院栽培历史悠久，其中有一种著名的茶香藤本月季，盛开之时，粉红色的花朵多垂挂于枝头，微风吹过，花叶婆娑，分外美丽。1993 年，英国月季专家罗杰·菲利普和马丁·克里斯在云南丽江路边发现了这种月季并传播到全世界，还将其命名为“丽江路边藤本月季”。其实，早在若干年前，我国蔷薇属植物分类专家余德浚和谷萃芝先生早已将此花命名为“粉红香水月季”。

这些古老月季，都是现代月季遗传改良不可多得的育种材料，是存活至今的历史文化遗产，也是国家的战略资源。基因可以复制，可以转移，但不可再生。因而丢失一个品种，就少了一个历经千年锤炼的优秀基因，断了一段珍贵的历史传承。

83

Rosa × Borboniana N.H.F.Desp

粉红波旁月季

贝吕兹于 1843 年用中国月季杂交而成的波旁月季“梅尔梅森纪念”，幸存至今。

波旁月季（Bourbon Rose）的起源扑朔迷离，但可以确定的是，它的亲本之一来自中国月季。

19 世纪，中国月季的到来引发了西方月季世界的巨变。新品种繁殖培育的领头者是法国人，培育新品种的热情迅速感染了英国、美国等国家的专业种植者和业余爱好者。他们培育出了一系列杂交新品种和全新的品类，这些玫瑰在欧洲最好的花园中蓬勃生长，登入大雅之堂。玫瑰的数量因此激增，以法国为例，从 17 世纪仅有的 14 个品种增长到 1000 多个。储备最为丰富的花园或许是巴黎卢森堡宫，据记载，在 19 世纪 50 年代，这里曾拥有 1800 个不同的物种和品种。到了 19 世纪 80 年代，玫瑰已经取代山茶花，成为时尚圈中的切花女王。

波旁月季始现于 1819 年之前，无论是哪个版本的起源故事，唯一不争的事实是，它来自位于印度洋的法属留尼汪岛。在法国大革命前，留尼汪岛被法国王室波旁家族命名为波旁岛。这也是波旁月季名字的由来。

现在学界比较倾向于波旁月季是由法国植物学家布莱翁发现并命名的。当时，他被法国政府委任为留尼汪岛的行政官员及岛上植物园的管理者，在当地农场用以分割田野的月季绿篱中发现了这种玫瑰。据说，雷杜德所绘的这种波旁月季，是由法国著名育种家安托万·雅克所培育的实生苗。

作为一个全新品类，波旁月季在19世纪70年代达到鼎盛，曾经有将近500个品种，之后又因杂交茶香月季和杂交长青月季的兴起而迅速衰落。杂交茶香月季和杂交长青月季融合了东西方月季的优点，有着美丽的花型、丰富的色彩和旺盛的生命力，因而迅速赢得了园艺家的青睐。波旁月季现存数十个品种，以意大利菲内斯基蔷薇植物园的收藏为最多。

法国育种家贝吕兹（Beluze）采用中国月季作亲本反复杂交，于1843年育成一款非常优秀的波旁月季品种，命名为“梅尔梅森纪念”（Souvenir de la Malmaison）。这应是他作为一位月季育种家的苦心所在，希望人们在享受美妙的欧洲月季之余，不应该忘记梅尔梅森城堡玫瑰园对优异种质收集保存的历史功绩，不应该忘记中国月季枝叶光亮、茶香浓郁、四季开花等独特种质基因对世界月季的贡献。

“梅尔梅森纪念”与其亲本月月粉一起，入选世界“古老月季名种堂”，至今幸存。令人称奇的是，它在远离本土的澳大利亚，还于1892年出现了一个新的芽变品种，被称作“藤本梅尔梅森”（Climbing Souvenir de la Malmaison）。那一藤浅粉色花朵，散发着浓郁的来自中国香水月季的甜香，仿佛是在追忆当年巴黎郊外的似水年华。

Rosa Canina Burboniana *Rosier de l'Ile de Bourbon*

P.J. Redouté pinx. Imprimerie de Remond Langlois sculp

84

Rosa centifolia ‘Mossy de Meaux’

赫章蔷薇花梗、花萼上密被棕褐色腺毛。

画中的细瓣苔蔷薇源自百叶蔷薇，是众多苔蔷薇中的一个品种。此品种皮刺稀少，花瓣窄而短，叶形与中国月月红、月月粉相近。与其他苔蔷薇品种相类，细瓣苔蔷薇的叶柄、叶轴、花梗、花萼、萼片等处，被满了由腺体畸变而来的具有黏性的腺毛状物。这些腺毛就是芳香之源，香味极为浓郁。

细瓣苔蔷薇最为出彩之处，在于其花瓣。花瓣不仅数量多于一般苔蔷薇，且其瓣细长，密集于花心，犹如菊花之瓣。因此，亦有人称其为“菊瓣苔蔷薇”。

这种重瓣苔蔷薇，花朵大小适中，数轮花瓣将花型装点得不高不低，小叶与花径的比例恰到好处，茎叶平衡近乎完美，再加上那抹苔蔷薇所特有的芳香，必是难得的庭院嘉种。

细瓣苔蔷薇花梗、花萼上腺毛的形态与分布，让我不禁想起了自然分布于我国贵州赫章县的赫章蔷薇。

Rosa Pomponiana muscosa
Le Pompon mousseux
P. J. Redouté pinx.
Imprimerie de Remond
Victor sculp

85

Rosa centifolia var. *parvifolia*

小叶百叶蔷薇

“我爱玫瑰。”19 世纪著名女作家乔治·桑在给她的朋友，法国评论家及小说家阿尔方斯·卡尔的信中写道：“这些都是上帝和人类的女孩儿，拥有芬芳的田野之美，而我们懂得让她们成为无与伦比的公主。”在所有玫瑰中，乔治·桑最爱的就是百叶蔷薇。她曾说过，“对我而言，就像对所有人而言一样，它是最理想的蔷薇”。

小叶百叶蔷薇是所有百叶蔷薇中格外受人们青睐的一种。它始现于 1664 年前，因叶片小巧、花瓣众多、芳香浓郁而备受园丁喜爱。著名蔷薇属分类专家、哈佛大学阿诺德植物园教授芮德，将其命名为 *Rosa centifolia* var. *parvifolia*，意即百叶蔷薇的小叶变种，其中 parvifolia 为小花瓣的意思，因为整朵花的直径仅有 2.5 厘米。

18 世纪，“鲍戈因绒球”和莫蔷薇成为小叶百叶蔷薇中最受欢迎的两个品种，它们预示着欧洲微型月季群的诞生，并逐渐成为切花的重要来源之一。直到今天，欧洲的许多花园里，仍旧可以见到它们那精巧的小叶、迷人的花朵和那美丽的纽扣眼。

时至今日，西方的许多古老蔷薇栽培种几乎都已消失殆尽，唯百叶蔷薇类品种留存尚多，或许就是因其拥有不凡之容颜吧。当然，其自身的适应性，是它留存久远的第一要素。一个品种，先不论其好坏，首先得生命力旺盛，能很容易地生存下来，且能靠自身的生命力存活数十年、上百年。如果必须靠农药、靠庇荫、靠特别养护才能生存，那就称不上是一个理想的品种，至少不适合居家庭院闲适之乐用。

在这方面，特别是在免农药月季品种的筛选方面，前佩吉·洛克菲勒月季园园长彼

Rosa Pomponia Burgundiaca
Le Pompon de Bourgogne
P. J. Redouté pinx.
Imprimerie de Remond
Langlois sculp

得 · 库基尔斯基和他的团队，在纽约植物园做了大量的栽培科学实验，最终选出 150 种可以近自然生长的古老月季和现代月季品种。我曾数次前往实地查看其实验基地，这个实验结果，对至今仍在纠结于如何养好月季的爱好者而言，的确是一份迟到的福利。

雷杜德所绘《玫瑰圣经》扉页上的花冠，由书中的多种玫瑰组成，纤巧而缜密。

图书在版编目（CIP）数据

《玫瑰圣经》图谱解读 / 王国良著 ;（法）皮埃尔 - 约瑟夫 · 雷杜德绘 . -- 北京 : 中信出版社 , 2021.12（2024.7 重印）

ISBN 978-7-5217-3482-9

Ⅰ . ①玫… Ⅱ . ①王… ②皮… Ⅲ . ①玫瑰花—图集 Ⅳ . ① Q949.751.8-64

中国版本图书馆 CIP 数据核字 (2021) 第 166341 号

《玫瑰圣经》图谱解读

著　　者：王国良
绘　　者：［法］皮埃尔—约瑟夫 · 雷杜德
出版发行：中信出版集团股份有限公司
（北京市朝阳区东三环北路 27 号嘉铭中心　邮编　100020）
承 印 者：北京雅昌艺术印刷有限公司

开　　本：787mm × 1092mm　1/16　　印　　张：15　　字　　数：150千字
版　　次：2021年12月第1版　　印　　次：2024年 7 月第 8 次印刷
书　　号：ISBN 978-7-5217-3482-9
定　　价：198.00元

疑似布尔索红枝蔷薇

Rosa × *L'Heritieranea*, Boursault Rose

银莲花苔蔷薇

Rosa centifolia var. *muscosa*, Anemone-flower

疑似黄枝蔷薇

Rosa micrantha var. *lactiflora*

疑似佚名腺萼蔷薇

Rosa evratina

Rosa indica Autumnalis. Le Bengale d'Automne

P. J. Redouté pinx. Imprimerie de Rémond. Bessin Sculp.

中国秋花月季

Rosa chinensis CV., Autum-flowering Variety of China Rose

疑似中国月季杂交种

Rosa gallica × *Rosa chinensis*, French Rose hybrid

常绿蔷薇变种

Rosa sempervirens var. *leschenaultiana*, Variety of Evergreen Rose

Rosa Ventenatiana.　　Rosier Ventenat.

P. J. Redouté pinx.　　Imprimerie de Rémond　　Victor sculp.

重瓣芹叶蔷薇

Rosa pimpinellifolia, Burnet Rose hybrid

Rosa hispida Argentea. *Rosier hispide à fleurs Argentées.*

P. J. Redouté pinx. Imprimerie de Rémond Lemaire sculp.

重瓣苹果蔷薇

Rosa villosa × *Rosa pimpinellifolia*, Apple Rose hybrid

重瓣布尔索蔷薇

Rosa × *L' Heritieranea* CV., Boursault Rose

单瓣布尔索蔷薇

Rosa × *L' Heritieranea* CV., Single variety of Boursault Rose

法国蔷薇阿加莎

Rosa gallica 'Agatha Incarnata' , French Rose of 'Agatha Incarnata'

Rosa Canina grandiflora. *Rosier Canin à grandes fleurs.*

P. J. Redouté pinx. Imprimerie de Remond Lemaire sculp.

狗蔷薇杂交种

Rosa × *waitziana*, Dog Rose hybrid

草原蔷薇

Rosa setigera, Paririe Rose

中国半重瓣月季

Rosa chinensis var. *semperflorens*, Monthly Rose

疑似蒙森夫人蔷薇

Rosa monsoniae, Rose of Lady Monson

柔毛蔷薇变种

Rosa tomentosa var. *farinosa*, Variety of Tomentose Rose

Rosa Bifera pumila. *Le petit Quatre-Saisons.*

P.J. Redouté pinx. Imprimerie de Rémond Lemaire sculp.

小花秋大马士革蔷薇

Rosa × *bifera* CV., Variety of small Damask Rose

Rosa Gallica Stapeliæ flora. *Rosier de Provins à fleurs de Stapelie.*

P. J. Redouté pinx. Imprimerie de Rémond Bessin sculp.

五星花法国蔷薇

Rosa gallica CV., Stapelia-flowered variety of French Rose

大花法国蔷薇

Rosa gallica CV., Large-flowered variety of French Rose

法国蔷薇杂交种

Rosa gallica Hybrida, French Rose of hybrid

法国蔷薇变种

Rosa gallica CV., Variety of French Rose

大马士革蔷薇变种

Rosa × *damascena* CV., Variety of Damask Rose

Rosa Centifolia Burgundiaca. La Cent-feuilles de Bordeaux.

P. J. Redouté pinx. Imprimerie de Rémond. Langlois sculp.

百叶蔷薇荷兰之娇

Rosa centifolia 'Petite de Hollande', Cabbage Rose 'Petite de Hollande'

Rosa Stylosa. Rosier des Champs à tiges érigées

P.J. Redouté pinx. Imprimerie de Rémond Chapuy sculp.

格里费尔蔷薇变种

Rosa stylosa var. *stylosa*, Griffelrose

奥尔良公爵夫人（法国蔷薇变种）

Rosa gallica CV. 'Duchesse D' Orleans'

Rosa Biserrata.　　Rosier des Montagnes à folioles bidentées.

P.J. Redouté pinx.　　Imprimerie de Remond.　　Chapuy sculp.

双锯齿蔷薇

Rosa dumalis var. *malmundariensis*, Double serrated Malmedy-Rose

甜绣红蔷薇变种

Rosa rubiginosa CV., Variety of Sweet Briar

无刺芹叶蔷薇

Rosa pimpinellifolia var. *inermis*, Thornless Burnet Rose

布尔索阔叶细瓣蔷薇

Rosa × *L' Heritieranea*, Boursault Rose

羽状萼阿尔巴蔷薇

Rosa × *alba* CV., Variety of White Rose with pinnate sepals

疑似高山蔷薇自然杂种

Rosa × reversa

Rosa Myriacantha. Rosier à Mille-Epines.

P.J. Redouté pinx. Imprimerie de Rémond. Chapuy sculp.

多刺芹叶蔷薇

Rosa pimpinellifolia var. *myriacantha*, Prickly variety of Burnet Rose

半重瓣大马士革蔷薇

Rosa damacena × *Rosa chinensis* 'Rose Du Roi' , Portland Rose 'Rose Du Roi'

大叶重瓣法国蔷薇

Rosa gallica CV., Large-leaved variety of French Rose

重瓣法国蔷薇变种

Rosa gallica CV., Variety of French Rose

无名重瓣白蔷薇

疑似 *Rosa* × *rapa* CV.

法国蔷薇变种

Rosa gallica CV., Variety of French Rose

百叶蔷薇变种

Rosa centifolia CV., Variety of Cabbage Rose

半重瓣芹叶蔷薇

Rosa pimpinellifolia CV., Semi-double variety of Burnet Rose

Rosa Campanulata alba. Rosier Campanulé à fleurs blanches.

P.J. Redouté pinxit. Imprimerie de Rémond. Langlois sculp.

疑似白蔷薇之恋

Rosa × *rapa*, Rose d 'Amour'

布尔索重瓣蔷薇

Boursault Rose

Rosa Gallica caerulea. *Rosier de Provins à feuilles bleuâtres.*

P.J. Redouté pinx. *Imprimerie de Remond.* *Eug. Talbaux sculp.*

法国蔷薇变种

Rosa gallica CV., Variety of French Rose

半重瓣柔毛蔷薇

Rosa tomentosa CV., Semi-double variety of Tomentose Rose

重瓣柔毛蔷薇

Rosa tomentosa CV., Double variety of Tomentose Rose

花粉蔷薇

Rosa × Polliniana

无名蔷薇

Rosa L. Hort

Rosa Pomponia flore subsimplici. *Rosier Pompon à fleurs presque simples.*

P. J. Redouté pinx. Imprimerie de Remond Chapuy sculp.

百叶蔷薇变种

Rosa centifolia CV., Variety of Cabbage Rose

塞西大马士革蔷薇

Rosa × *damascena* 'Celsiana' , Damask Rose 'Celsiana'

狗蔷薇变种

Rosa canina var. *lutetiana*

长叶阿尔巴白蔷薇

Rosa × *alba* 'A feuilles de Chanvre'

烛台蔷薇

Rosa × *reversa*, De Candolle Rose

天空重瓣蔷薇

Rosa × *alba* 'Celeste' , White Rose 'Celestial'

柔毛蔷薇

Rosa tomentosa, Tomentose Rose

皱叶中国小月季

Rosa chinensis var. *minima*

Rosa Malmundariensis. *Rosier de Malmedy.*

P. J. Redouté pinx. *Imprimerie de Rémond.* *Langlois sculp.*

灌丛蔷薇变种

Rosa dumalis var. *malmundariensis*

法国红衣主教

Rosa gallica 'The Bishop' , French Rose 'The Bishop'

Rosa Rubiginosa nemoralis. *L'Eglantine des bois.*

P.J. Redouté pinx. *Imprimerie de Rémond* *Chapuy sculp.*

小花蔷薇

Rosa micrantha borrer var. *micrantha*, Small flowered Eglantine

皇家普罗万蔷薇

Rosa gallica Hybr., Provins of Royal

法国蔷薇托斯卡纳

Rosa gallica 'Tuscany' , Variety of French Rose

格里费尔蔷薇品种

Rosa stylosa var. *systyla*

安茹狗蔷薇

Rosa canina var. *Andegavensis*, Anjou Rose

疑似红蔷薇之恋

Rosa rapa, Rose d’ Amour

伊丽莎白甜绣红蔷薇

Rosa rubiginosa ‘Zabeth’ , Sweet Briar ‘Zabeth’

疑似柔毛粉蔷薇

Rosa tomentosa var. *Britannica*

疑似白花蔷薇

Rosa dumetorum 'Obtusifolia'

约瑟芬皇后

Rosa 'Francofurtana' , Empress Josephine

甜绣红蔷薇

Rosa rubiginosa, Sweet Briar

白普罗旺斯

Rosa centifolia ‘Unique Blanche’，Cabbage Rose ‘White Provence’

红刺雷杜德蔷薇

Redoute Rose with red stems and prickles

Rosa Redutea glauca　　*Rosier Redouté à feuilles glauques.*

P. J. Redouté pinx.　　Imprimerie de Rémond.　　Chapuy sculp.

雷杜德蔷薇

Redoute Rose

红晕大夫人

Rosa × Great Maiden's Blush, Great Maiden's Blush

疑似甜蔷薇变种

Rosa rubiginosa var. *umbellata*, Variety of Sweet Briar

Rosa Brevistyla leucochroa. *Rosier à court-style (var.ᵉ à fleurs jaunes et blanches).*

P. J. Redouté pinx. Imprimerie de Rémond Lemaire sculp.

疑似格里费尔蔷薇之品种

Rosa stylosa var. *systyla*, Griffelrosen-Sorte

Rosa Pimpinelli folia Pumila. Petit Rosier Pimprenelle.

P.J. Redouté pinx. Imprimerie de Rémond Chapuy sculp.

芹叶蔷薇

Rosa pimpinellifolia, Burnet Rose

百叶蔷薇品种

Rosa centifolia CV., Variety of Cabbage Rose

单瓣百叶蔷薇

Rosa centifolia ‘Simplex’ , Single Cabbage Rose

Rosa Villosa, Pomifera. Rosier Velu, Pomifère.

P.J. Redouté pinx. Imprimerie de Rémond. Chapuy sculp.

苹果蔷薇

Rosa villosa, Apple Rose

德莫苔蔷薇

Rosa centifolia ‘De Meaux’ , Moss Rose ‘De Meaux’

杜邦蔷薇

Rosa × *dupontii*, Dupont-Rose

哈得孙湾蔷薇

Rosa blanda, Hudson Bay Rose

垂果蔷薇

Rosa pendulina var. *pendulina*, Alpine Rose

安德鲁斯单瓣百叶蔷薇

Rosa centifolia ‘Andrewsii’ , Single Moss Rose ‘Andrewsii’

萵苣叶百叶蔷薇

Rosa centifolia 'Bullata' , Lettuce-leaved Cabbage Rose